图 1 惠远旧城城墙遗址

图 2 惠远新城钟鼓楼

图 3　圣佑庙

图 4　靖远寺

图 5　秃黑鲁·帖木儿麻扎

图 6　秃黑鲁·帖木儿麻扎室内

图 7　速檀・歪思汗麻扎

图 8　拜图拉清真寺宣礼塔

RESEARCH ON THE TRADITIONAL ARCHITECTURE IN YILI RIVER VALLEY

伊犁河谷传统建筑研究

李江　韦承君　杨菁　著

天津大学出版社
TIANJIN UNIVERSITY PRESS

图书在版编目（CIP）数据

伊犁河谷传统建筑研究 / 李江，韦承君，杨菁著.
—天津：天津大学出版社，2023.11
ISBN 978-7-5618-7511-7

Ⅰ.①伊… Ⅱ.①李… ②韦… ③杨… Ⅲ.①民族建筑－研究－伊犁哈萨克自治州 Ⅳ.①TU29

中国国家版本馆CIP数据核字（2023）第125849号

YILI HEGU CHUANTONG JIANZHU YANJIU

出版发行 天津大学出版社
地　　址 天津市卫津路92号天津大学内（邮编：300072）
电　　话 发行部：022-27403647
网　　址 www.tjupress.com.cn
印　　刷 北京华联印刷有限公司
经　　销 全国各地新华书店
开　　本 169 mm × 239 mm
印　　张 12　4页彩插
字　　数 185千
版　　次 2023年11月第1版
印　　次 2023年11月第1次
定　　价 60.00元

前　言

伊犁河谷位于天山北麓，是丝绸之路新北线上的重要节点。由于本地“中亚湿岛”的气候条件，水草丰茂、宜农宜牧，众多民族生活于此，多元文化互融共生。清代乾隆年间平定准噶尔部后，清政府从全国各地迁来兵民在此屯垦，戍守边疆，大规模的建设活动也随之展开。伊犁河谷虽地处祖国的西北边陲，少数民族汇聚于此，但其代表性的传统建筑普遍采用汉地大木抬梁式的构架做法，形成与南疆迥然不同、多元统一的建筑景观，这是各个民族互鉴学习、共同发展的有力见证。同时，伊犁河谷传统建筑在选址布局、结构用材、营造做法等方面表现出为适应伊犁河谷以及西北地区的自然环境、地质条件而形成的鲜明地域性特征。系统探讨伊犁河谷传统建筑因地制宜的营造智慧，可以显著拓展中国木构建筑学术研究的空间广度和理论深度。此外，由于伊犁河谷紧临哈萨克斯坦，开展本区域传统建筑研究，也有助于“一带一路”沿线国家，特别是中亚国家之间在建筑遗产保护领域内的国际合作。

本书首先论述了伊犁河谷的自然地理环境与历史沿革，阐释了传统建筑营造的宏观背景，在此基础上，梳理了伊犁河谷历代城镇建设情况，着重研究清代伊犁九城的城镇分布、城镇形态特征以及规模容量。其次，分析了清代伊犁河谷不同民族的建筑特点、代表建筑类型以及实例，从文化共生涵化的视角剖析伊犁河谷“多元统一建筑景观”形成的原因；对伊犁河谷传统建筑的单体尺度、构件尺度进行分析，并与官式建筑的设计尺度进行对比，寻找两者之间的异同，进而总结伊犁河谷传统建筑的规律性特征。最后，从气候环境、地质条件、装饰审美等方面，探究伊犁河谷传统建筑典型构件及重要节点基于地域特征的适宜性营造做法。

目　录

第一章　绪论

伊犁河谷作为古代丝绸之路新北道的必经之地，是联系西域各国和中原王朝的枢纽，各民族在此荟萃交融，促进了伊犁河谷多元区域文化的形成，伊犁本地建筑文化也在融汇过程中展现出自身的创造力。伊犁河谷各民族大体量的代表性建筑普遍采用汉地大木抬梁式构架做法，体现了本地区不同民族对汉族文化的强烈认同和中国木构建筑巨大的包容性。与此同时，这些传统建筑在本地独特的自然环境背景下，又广泛吸收不同民族的建筑文化特征，形成了有别于官式建筑的地域性营造做法，充分展示出中国传统建筑因地制宜的营造智慧，具有重要的研究价值。

第一节　研究意义

一、多元民族互鉴学习共同发展的有力见证

2014 年 5 月 29 日，习近平总书记在第二次中央新疆工作座谈会上指出："各民族要相互了解、相互尊重、相互包容、相互欣赏、相互学习、相互帮助，像石榴籽那样紧紧抱在一起。"[①] 伊犁河谷虽然地处祖国的西北边陲，但那里汇聚的不同民族、宗教的传统

① 田旭明 . 当代中华民族凝聚力研究［M］. 北京：人民出版社，2016：9.

建筑，积极融合了中国汉地木构建筑的布局、结构、形式，形成了多元统一的建筑景观，这种相互包容、互通学习的交流模式，正是各民族彼此团结、共同发展的鲜活见证。因此，对伊犁河谷传统建筑进行研究具有重要的社会价值。

二、加强建筑遗产领域“一带一路”沿线国家间的交流合作

在清光绪七年（1881年）《中俄伊犁条约》签订前，哈萨克斯坦巴尔喀什湖以东地区、吉尔吉斯斯坦东北部地区与我国伊犁河谷的建筑体系一脉相承。现已通过哈萨克斯坦东部阿拉木图州的 Hon Pik 麻扎得到印证。因此，深入开展伊犁河谷传统建筑研究，将有助于中国与“一带一路”沿线国家，特别是与中亚国家之间在建筑遗产保护领域的国际合作。

三、拓展学术研究的空间广度和理论深度

伊犁河谷传统建筑是中国建筑史研究的重要组成部分，其在选址布局、结构用材、营造做法等方面都表现出为适应当地的气候条件、地质条件而形成的鲜明地域性特征。但由于东、西部研究力量分布的不均衡，伊犁河谷传统建筑的整体性研究还未开展。系统探讨中国传统木结构建筑在不断适应伊犁河谷地区自然环境过程中所产生的地域性建筑技术，可以充分展示中国传统建筑因地制宜的营造智慧，拓展学术研究的空间广度和理论深度。

第二节　研究综述

一、伊犁河谷区域文化学研究

伊犁河谷区域文化学研究主要从民族迁徙、文化经济、宗教变迁等方面，对伊犁河谷地区的文化进行了汇总与分析（表 1–1）。吐娜在《伊犁厄鲁特营的戍边》① 中对厄鲁特营的设置、戍边及在斗争中所起的作用进行了阐述。胡方艳的《伊犁河谷藏传佛教寺院考察——以新疆伊犁哈萨克自治州昭苏县圣祐寺② 为中心》③ 叙述了锡伯族西迁伊犁前后的信仰状况，讨论了藏传佛教对锡伯族的影响。黄荣海在《伊犁河畔》④ 中对伊犁河谷地区的自然地理环境、历史名胜、民族文化等进行了详细的讲解。贺灵的《丝绸之路伊犁研究》⑤ 梳理了历代伊犁的民族文化、宗教文化、文学艺术以及各个时期伊犁的文化类型。范庭刚的《新疆伊犁伊斯兰建筑文化研究》⑥ 对伊斯兰建筑的平面布局、空间构成、选材、构筑做法、装饰艺术及分布等进行了分析。

表 1–1　伊犁河谷相关文化研究列表

作者	时间	成果名称	研究结论
常青	1992 年	《西域文明与华夏建筑的变迁》	讲述华夏建筑文化和周边建筑文化的关系，多种宗教在西域的变迁以及不同建筑文化之间的相互影响。重点阐述了西域建筑的原型及演变过程
吐娜	2002 年	《伊犁厄鲁特营的戍边》	讲述了厄鲁特营的设置、戍边及在斗争中所起的作用
范庭刚	2004 年	《新疆伊犁伊斯兰建筑文化研究》	从伊斯兰文化入手，对伊犁地区伊斯兰建筑的主要类型从平面布局、空间构成、选材、构筑做法、装饰艺术等方面展开分析

① 吐娜 . 伊犁厄鲁特营的戍边 [J]. 西域研究，2002（3）：29-36.

② 此处的“圣祐寺”与后面提到的圣佑寺、圣佑庙实为同一建筑，除文献及相关文字外，一般用“圣佑庙”。

③ 胡方艳 . 伊犁河谷藏传佛教寺院考察：以新疆伊犁哈萨克自治州昭苏县圣祐寺为中心 [J]. 世界宗教研究，2013（4）：39-50.

④ 黄荣海 . 伊犁河畔 [M]. 北京：世界图书出版公司，2015.

⑤ 贺灵 . 丝绸之路伊犁研究 [M]. 乌鲁木齐：新疆人民出版社，2009.

⑥ 范庭刚 . 新疆伊犁伊斯兰建筑文化研究 [D]. 重庆：重庆大学，2004.

（续表）

作者	时间	成果名称	研究结论
张丽娟	2008 年	《透析新疆传统民族建筑的多元文化内涵》	选取新疆民居建筑和宗教建筑这两个具有代表性的建筑类型，对新疆传统民族建筑进行了介绍，涉及新疆天山北麓地区和伊犁的传统建筑
贺灵	2009 年	《丝绸之路伊犁研究》	梳理汉、魏晋南北朝、唐、南宋（西辽）、元、明、清、民国时期伊犁地区的历史、民族文化、宗教文化、文学艺术等
胡方艳	2013 年	《伊犁河谷藏传佛教寺院考察——以新疆伊犁哈萨克自治州昭苏县圣佑寺为中心》	叙述锡伯族西迁伊犁前后的信仰状况，论述藏传佛教对锡伯族的影响
王进健、王黎	2014 年	《霍城史》	对霍城地区从史前到民国时期的历史进行梳理，分析不同时期的经济、文化
胡方艳、吴茜	2015 年	《清至民国间新疆伊犁的东正教》	考察清末民国初期伊犁东正教的发展、分布及各个派别的情况
黄荣海	2015 年	《伊犁河畔》	从地理位置、自然环境、人文生活、历史名胜、经济等多方面对伊犁河谷进行讲解

二、伊犁河谷传统建筑研究

由于伊犁河谷巨大的地理跨度，以及西部经济、科技、文化方面的自身限制，以往对伊犁河谷传统建筑的研究深度和广度都远远不够，研究工作多限于一般考察或局部研究（表 1–2），对地域性营造体系缺乏研究，与北方官式建筑、新疆伊斯兰教建筑和其他地域性建筑的研究进展相比差距显著。针对已有研究的不足之处和对传统建筑的保护需求，开展对伊犁河谷传统建筑的整体性研究至关重要且十分迫切。新疆维吾尔自治区文物局在《新疆维吾尔自治区第三次全国文物普查成果集——伊犁哈萨克自治州（直属县市）卷》[①] 中对考古发现的伊犁河谷古代城市遗址的位置、规模进行

① 新疆维吾尔自治区文物局．新疆维吾尔自治区第三次全国文物普查成果集：伊犁哈萨克自治州（直属县市）卷 [M]. 北京：科学出版社，2011:17-42.

了研究。魏长洪在《伊犁九城的兴衰》① 中对伊犁九城的规模、结构、布局、职能、变迁等方面进行了阐述。在建筑方面，刘元春在《靖远寺及其历史作用——关于寺庙建筑与民族文化的思考》② 中对靖远寺的建造历史进行了简要叙述，分析了锡伯族民族文化的意义与价值。内玛才让在《新疆藏传佛教名刹圣佑寺研究》③ 中对圣佑寺的文化、历史、建筑形式、装饰特性等方面进行了考察与研究。纳森巴雅尔、乌云其木格的《清代伊犁藏传佛教寺院普化寺论述》④ 从文献中梳理了普化寺的建造过程、选址变迁和管理制度。李群在《重解麻扎文化的图形语意——读吐虎鲁克·铁木尔汗之墓》⑤ 对秃黑鲁·帖木儿麻扎的历史及装饰进行了阐述。邓禧等在《新疆清代传统建筑特色研究——花板踩与弧腹仔角梁》⑥ 中对新疆汉式传统建筑的特征和特殊做法进行了探讨，指出新疆汉式传统建筑与河西走廊传统建筑在做法特征上具有一致性。

表 1-2　伊犁河谷城镇建设、传统建筑研究列表

研究方向	人物	时间	成果名称	研究结论
城镇	魏长洪	1987 年	《伊犁九城的兴衰》	从史料中汇总伊犁九城自兴建到没落的过程
	吴轶群	2007 年	《清代新疆边境地区城市对比研究——以伊犁、喀什噶尔为中心》	从历史、人文、地理的视角对清代伊犁、喀什两座城市进行对比分析，并从清朝边疆治理政策入手，对比分析了两座城市在不同发展阶段发展的原因、城市的职能、城市的人口结构等，从而较全面地反映清代新疆边境地区城市的基本历史发展过程，并分析其影响因素

① 魏长洪．伊犁九城的兴衰 [J]. 新疆社会科学，1987（1）：57-60.

② 刘元春．靖远寺及其历史作用：关于寺庙建筑与民族文化的思考 [J]. 法音，1990（8）：22-27.

③ 内玛才让．新疆藏传佛教名刹圣佑寺研究 [J]. 甘肃高师学报，2009，14（6）：117-119.

④ 纳森巴雅尔，乌云其木格．清代伊犁藏传佛教寺院普化寺论述 [J]. 满族研究，2018（3）：84-93.

⑤ 李群．重解麻扎文化的图形语意：读吐虎鲁克·铁木尔汗之墓 [J]. 装饰，2009（5）：88-89.

⑥ 邓禧，曹磊，李江．新疆清代传统建筑特色研究：花板踩与弧腹仔角梁 [J]. 沈阳建筑大学学报（社会科学版），2007，9（2）：150-153.

（续表）

研究方向	人物	时间	成果名称	研究结论
城镇	马丽红、安英新	2016年	《清代伊犁惠宁城相关史实考述》	梳理史料，将伊犁惠宁城的基本情况、建城经过、西安满营的移驻、废弃及重建的历史资料进行汇总和整理
	惠青睿	2018年	《丝绸之路历史城镇保护与发展研究——以惠远古城为例》	从城市规划的角度对伊犁惠远古城的城市发展轨迹、文脉演变过程进行分析，研究古城文脉传承的保护策略及保护性再生的古城可持续发展策略
	王砚	2019年	《伊犁九城历史地理研究》	通过文献史料对伊犁九城的建设过程进行梳理，分析伊犁九城的规模、结构、布局、职能和变迁
传统建筑	卢文丽	2011年	《多元文化下伊犁维吾尔族民居建筑艺术研究》	总结了在多元文化的影响下，伊犁地区维吾尔族民居的特点，并分析其形成的原因
	李慧	2012年	《伊犁哈萨克自治州近代代表性民居建筑及保护对策研究》	对伊犁州近现代代表性民居的建筑布局、建筑做法进行分析，并根据当地的自然环境提出保护对策
	侯科远	2015年	《伊犁喀赞其老城传统民居建筑艺术特征研究》	对喀赞其老城民居从整体到局部进行分析，着重分析喀赞其民居的装饰艺术
	黄凯	2017年	《新疆伊犁传统民居的地域性特征研究》	总结了伊犁传统民居的发展历史、现状和问题，研究了伊犁民居的建造做法以及装饰特点
	刘元春	1990年	《靖远寺及其历史作用——关于寺庙建筑与民族文化的思考》	叙述靖远寺的建造历史，简要描述靖远寺的建筑布局，着重分析靖远寺的民族文化意义与价值
	安英新	2000年	《祖国最西端的“关帝庙”》	介绍了新疆伊犁察布查尔锡伯自治县纳达齐牛录乡的关帝庙，揭示出我国西部地区的关帝信仰、建筑形式与中原地区的一致性
	内玛才让	2009年	《新疆藏传佛教名刹圣佑寺研究》	通过梳理文献，从民族、宗教等方面对圣佑寺的组织结构、宗教活动、寺产、僧众组织情况进行分析

（续表）

研究方向	人物	时间	成果名称	研究结论
传统建筑	敏文杰	2013 年	《新疆伊宁市拜图拉清真寺的建筑及装饰艺术》	讲述拜图拉清真寺的建造历史，简要描述拜图拉清真寺的建筑装饰特征
	王松	2011 年	《新疆卫拉特蒙古寺庙建筑装饰考述——解读昭苏圣佑庙经堂》	论述了圣佑寺经堂的建筑形制艺术特征、建筑彩绘装饰特征、建筑雕刻艺术特征
	胡方艳	2013 年	《伊犁河谷藏传佛教寺院考察——以新疆伊犁哈萨克自治州昭苏县圣佑寺为中心》	总结圣佑寺以往的考察研究，从史料角度论述圣佑寺的建造过程，简要讲述圣佑寺的布局及历代组织规模
	纳森巴雅尔、乌云其木格	2018 年	《清代伊犁藏传佛教寺院普化寺论述》	从史料中摘取有关已经消失的普化寺的建造、修缮、迁址过程
	王克之、梁贞	1997 年	《苏丹歪思汗麻扎杂谈》	简要讲述速檀·歪思汀麻扎的地理位置及由来
	李群	2009 年	《重解麻扎文化的图形语意——读吐虎鲁克·铁木尔汗之墓》	描述并分析了吐虎鲁克·铁木尔汗麻扎装饰的色彩和形态
	邓禧、曹磊、李江	2007 年	《新疆清代传统建筑特色研究——花板踩与弧腹仔角梁》	对新疆汉式传统建筑的特征和特殊做法进行了探讨，同时也指出包括伊犁在内的新疆汉式传统建筑与其临近的河西走廊地区在做法、特征上具有一致性
	李江、刘亚如	2018 年	《新疆天山北麓传统建筑营造做法研究》	对新疆天山北麓传统建筑的地域性做法进行分析，涉及伊犁河谷传统建筑营造做法，指出各民族通过相同的营造做法形成多元统一的建筑文化景观
	新疆维吾尔自治区文物局	2011 年	《新疆维吾尔自治区第三次全国文物普查成果集——伊犁哈萨克自治州（直属县市）卷》	将伊犁地区考古发现的文物、遗址、墓葬、壁画、古建筑等以图文并茂的方式进行记录汇总

第三节 研究方法

一、文献梳理

对《绥定县乡土志》《伊犁府志注释》《伊江汇览》《新疆识略》等有关伊犁河谷的古籍文献进行梳理，从中提取有关伊犁河谷传统建筑的基础性资料，为深入开展传统建筑发展沿革、分布格局、营造特征等相关研究奠定基础。

二、档案查询

通过中国第一历史档案馆、国家图书馆，美国国会图书馆等机构查询关于伊犁河谷的奏折、地图、历史照片等资料，从中获得关于某一建筑、城镇的具体建设档案资料，以及关于伊犁河谷传统建筑、体现乡村城镇整体风貌的图像资料。

三、现场调研

对伊犁河谷的主要建筑遗存、建筑与城镇遗址（图 1–1）、重

图 1–1 惠远旧城遗址

要山脉、河流等环境要素进行现场调研，并对相关研究人员、管理人员、宗教人士进行访问（图 1–2），掌握传统建筑的实物与环境特征，以及不见于文献上的历史沿革、重大事件、改建扩建等相关信息。

图 1–2　访问当地相关人员（组图）

四、实物测绘

对伊犁河谷的昭苏圣佑庙（图 1–3）、惠远钟鼓楼（图 1–4）、察布查尔靖远寺等众多代表性建筑，运用三维激光扫描仪进行了实物测绘，获得了关于伊犁河谷传统建筑的第一手信息，为开展相应组群及单体建筑的深入研究奠定坚实基础。

图 1–3　圣佑庙南立面点云图

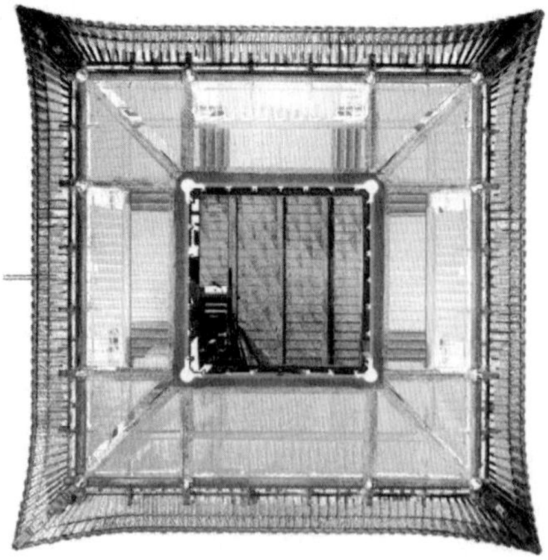

图 1-4 惠远钟鼓楼一层仰视点云图

第四节 研究框架

研究框架见图 1-5。

图 1-5 研究框架

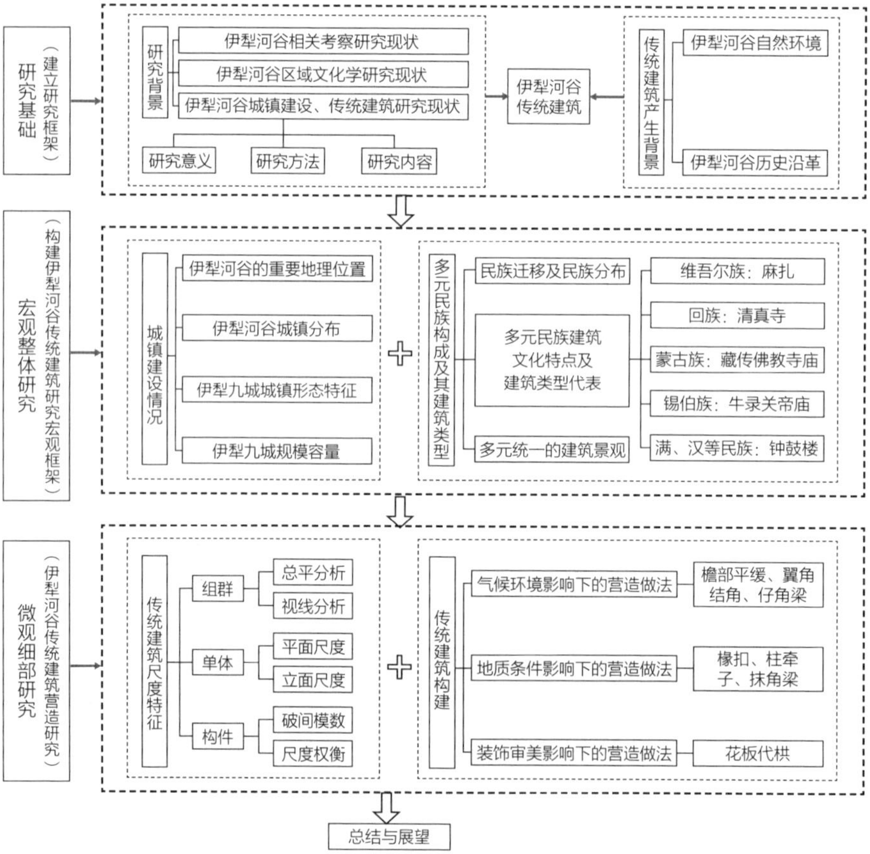

第二章　伊犁河谷自然地理环境与历史沿革

第一节　自然地理环境

伊犁东距海洋 3 000 余千米，深处亚欧大陆腹地。这里山脉纵横，河流众多，气候湿润，土壤肥沃，矿藏丰富，有着较为优越的自然环境，与新疆其他地区大面积的戈壁、荒漠形成了鲜明对比。伊犁地域范围内的传统建筑主要分布在自然地理环境较好、海拔较低的伊犁河谷地区。

一、山脉

伊犁河谷三面环山，西部开敞，属天山山脉范围，涉及北天山、中天山和南天山（图 2–1）。北天山西段的科古琴山、博罗科努山、依连哈比尔尕山，阻挡了从西伯利亚南下的寒流；南天山东段的哈尔克山隔绝了塔克拉玛干沙漠北上的干热气流；而向西呈喇叭形开口的伊犁河谷迎接了来自大西洋、地中海的暖湿气流[①]。中天山的乌孙山、阿吾拉勒山、那拉提山大体东西走向的山势和地形条件又有利于将暖湿气流转变为充沛的雨雪，使得伊犁河谷这一

① 黄荣海 . 伊犁河畔 [M]. 北京：世界图书出版公司，2015：2.

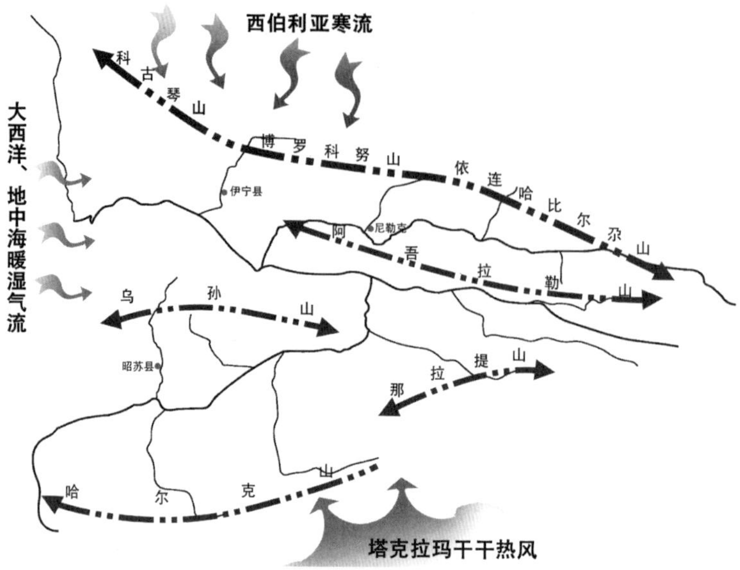

图 2–1 伊犁河谷地形

独特地理单元内气候温和湿润，成为亚欧大陆腹地干旱荒漠区中的一片绿洲。

北天山山体高大，其中科古琴山（图 2–2）长约 90 千米，宽约 40 千米，总面积约为 0.36 万平方千米，分水岭脊线海拔 4 000 米左右[①]；博罗科努山长约 130 千米，宽约 130 千米，总面积约为 1.95 万平方千米，最高峰海拔为 3 736 米；依连哈比尔尕山长约 130 千米，宽约 60 千米，总面积约为 0.78 万平方千米，最高峰海拔为 4 590 米。西伯利亚寒流到达天山北侧的博尔塔拉谷地后被高大的山体所阻挡[②]，使得北天山南北两坡的气候环境差异显著。南坡的霍城、伊宁、尼勒克的气温（霍城年平均气温为 9.4℃，伊宁年平均气温为 10.5℃，尼勒克年平均气温为 7.5℃）明显高于北坡博尔塔拉蒙古自治州的温泉、博乐等地（温泉年平均气温为 3.6℃，

① 张锡成 . 新疆科古琴山高山流石坡植被的特征 [J]. 西北植物学报，2001，21（3）：538-545.

② 博尔塔拉蒙古自治州州委宣传部 . 博尔塔拉蒙古自治州 [M]. 北京：民族出版社，2004.“北天山北坡博尔塔拉谷地西部海拔 2 300 余米，东部海拔 400—600 米。”

图 2-2　科古琴山（南坡）

博乐年平均气温为 5.6℃）。当来自大西洋、地中海的暖湿气流进入北天山南坡后沿山体向上抬升，在山前地带形成有效降水[①]（霍城年平均降水量为 300 毫米，伊宁年平均降水量为 245 毫米，尼勒克年平均降水量为 350 毫米[②]），加之夏季北天山山脉的高山融雪，使得北天山南坡成为水源丰富、丰水期较长的地区。充沛的雨水使得河流发育充分，河流形成的山前洪积地带拥有肥沃的土壤，再结合喀什河、伊犁河等丰富的地表径流，伊宁、霍城等地成为伊犁重要的屯垦区。

南天山东段是位于中国境内的哈尔克山（图 2-3），分水岭脊线海拔在 4 000 米以上[③]，其阻隔了来自塔克拉玛干沙漠的干热气流。相比南坡降水量少、蒸发量大的拜城、库车等地（拜城年平均降水量为 104 毫米，年蒸发量为 1 527 毫米；库车年平均降水量为 76 毫米，年蒸发量为 2 219 毫米[④]），位于哈尔克山北坡的昭苏、特克斯等地则湿润多雨（昭苏年平均降水量为 512 毫米，特克斯

① 新疆年平均降水量仅为 150 毫米左右。

② 周志强 . 新疆尼勒克县近 50 年气温变化特征分析 [J]. 水利科技与经济，2010，16（8）：928-929.

③ 曾庆江 . 博尔塔拉谷地对径流的调节作用 [J]. 干旱区地理，1994（4）：9-14.

④ 胡伟，姚磊 . 新疆库车县近 40 年来气温与蒸发量变化趋势分析 [J]. 水土保持研究，2008，15（3）：93-95.

图 2–3 哈尔克山（北坡）

年平均降水量为 375 毫米，相对湿度在 67% 以上）。同时，哈尔克山也是天山最大的冰川发育地区，发源于此的多条河流水量充沛，下落到昭苏盆地、特克斯平原后，水流变缓，摆动前行，在谷地平原中形成发达的河网，并沿特克斯河构成大面积湿地。

中天山的乌孙山（又名阿拉喀尔山，图 2–4）横亘于伊犁河和特克斯河之间，长约 90 千米，山体西高东低、西窄东宽，西段海拔为 3 400~3 500 米，宽约 17 千米，东段海拔为 2 300~2 500 米，宽约 40 千米[①]。乌孙山是其北麓察布查尔与南麓昭苏、特克斯之间的界山，发育有加格斯台河、霍诺海等众多河流，这些流程较短的河流最终汇入特克斯河和伊犁河。阿吾拉勒山北临喀什河谷与博罗科努山对峙，南依巩乃斯河谷与那拉提山相邻。阿吾拉勒山作为喀什河和巩乃斯河的分水岭，山体东西长约 250 千米，南北宽约 25 千米[②]，最高峰海拔为 3 996 米。那拉提山东西横跨巩留、新源两县，是巩乃斯河谷的南部边界，长约 150 千米，宽约 22~40 千米，平均海拔为 3 500 米，总面积为 0.4 万平方千米，最高峰海

① 穆桂金．天山西段阿拉喀尔山夷平面问题的探讨 [J]. 乌鲁木齐：新疆地理，1983（2）：25-28.
② 李小军．阿吾拉勒山主要矿产分布规律及成矿远景浅析 [J]. 矿产与地质，1994（5）：344-347.

图 2-4　乌孙山（北坡）

拔为 4 340 米[①]。那拉提山北坡处于西来湿润气流的迎风面，降水量大，植被覆盖率高，中山带区域有雪岭云杉密林和优质的夏季牧场。

二、河流

伊犁河是天山北麓的重要河流，由特克斯[②]河、巩乃斯[③]河、喀什[④]河等多条水系汇流而成（图 2-5）。源出于南天山北麓的特克斯河，经昭苏、特克斯流向东北方，在巩留境内与源出于伊犁东部那拉特岭的巩乃斯河合流向西，流经 30 千米与北岸源出于依连哈比尔尕山的喀什河汇聚，形成伊犁河干流，一路向西流经 150 千米后出国境，最终汇入巴尔喀什湖。伊犁河谷地带就是由上述主要河流形成的伊犁河谷、巩乃斯河谷、喀什河谷、特克斯河谷以及昭苏盆地一同构成的。

伊犁河（图 2-6）全长 1 500 千米，是一条跨越中国和哈萨克

① 赵刚，杨太保，田洪阵．那拉提山冰川变化与气候变化的关系研究[J]. 干旱区资源与环境，2014（4）：103-107.

②（清）徐松. 西域水道记・卷四[M]．北京：中华书局，2005：“准语谓野山羊为特克，谓众多为斯，言滨河多此也”。

③（清）徐松. 西域水道记・卷四[M]．北京：中华书局，2005：“空格斯（巩乃斯）旧为准噶尔乌鲁特（厄鲁特）、霍尔格斯（霍尔果斯）、鄂拓克地”。

④（清）徐松. 西域水道记・卷四[M]．北京：中华书局，2005：“河出玉，故与和阗玉河同名”。

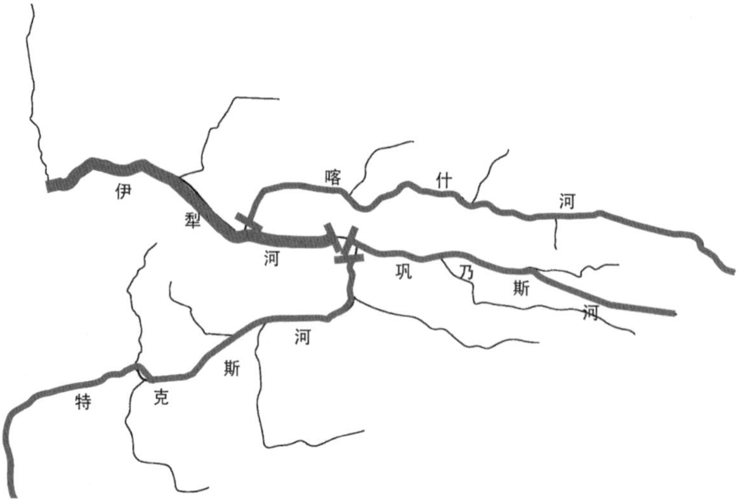

图 2–5 伊犁河谷主要河流

图 2–6 伊犁河

斯坦两国的内陆河，流域面积为 5 万多平方千米，年均径流深 268 毫米，平均年径流量为 153 亿立方米，居新疆众河流之首[1]。伊犁河的上游处于新疆伊犁哈萨克自治州境内，约占伊犁河全长的三分之一。伊犁河流域常年受大西洋、北冰洋的湿润气流影响，降水量大，雨水补给是伊犁河最主要的补给方式，冰川融水仅占水源补给的 14% 左右，部分较小的支流由于河长短、水流量小，只有在丰水期才能汇入伊犁河。伊犁河流域的山脉岩石坚硬，仅有

① 黄荣海 . 伊犁河畔 [M]. 北京：世界图书出版公司 ,2015：21-23.

轻微天然剥落且侵蚀模数很小，因此河水的含沙量和输沙量均很小。伊犁河流域地势较为平坦，流速缓慢，河道迂回蜿蜒，河水流淌在伊犁河谷中，滋润着周边的土地，形成“塞外江南”的壮美风景。

特克斯河（图 2–7）发源于汗腾格里峰北侧，西高东低、北高南低的地势使得特克斯河自西向东流经昭苏盆地、特克斯河谷，随后北折穿过伊什格里克山，最终在巩留境内与巩乃斯河汇入伊犁河，它是伊犁河水量最大的一条支流，占伊犁河流量的百分之五十以上。特克斯河全长约 380 千米，在中国境内的河流长度约占总长的三分之二，集水面积约为 23 000 平方千米，国内平均径流量为每秒 252 立方米，平均年径流量 80 亿立方米，流域内支流众多，大多分布在特克斯河南侧，整体呈现柳叶形。径流补给方式主要是冰川融水，春夏晴天冰雪融化使河水径流加大，常常出现河水泛滥淹没河道的情况，沿河形成大片湿地，冬季或阴雨天阴云笼罩，气温降低，径流量不增反减。流域内环境优美，树木茂盛，芳草鲜美、植被条件良好。

巩乃斯河（图 2–8）发源于北天山依连哈比尔尕山西麓，流域整体东高西低，自东向西在阿吾拉勒山和中天山之间穿行，横贯

图 2–7　特克斯河

图 2-8 巩乃斯河

新源，在巩留境内与从西南而来的特克斯河汇合，流入伊犁河，是伊犁河第三大支流。巩乃斯河全长约 280 千米，流域面积约为 7 700 平方千米，平均年径流量约为 16 亿立方米[①]。巩乃斯河是季节性融雪型河流，主要补给方式为冰川融水。巩乃斯河上游流经山区，水流湍急，河道顺直窄深；中游流经山间谷地，地势渐平，水势渐缓；下游为巩留谷地，地势平坦，河水蜿蜒曲折，由于受到特克斯河冲积扇顶托影响，经常发生回水顶托情况，河水漫延形成大片河漫滩沼泽。

喀什河（图 2–9）发源于尼勒克境内依连哈比尔尕山的冰川地带，地势东高西低，河流夹在博罗科努和阿吾拉勒两山之间，自东向西横贯喀什河谷，最终在伊宁、察布查尔、巩留三县交界处汇入伊犁河，是伊犁河的第二大支流。喀什河全长约为 300 千米，流域面积约为 9 500 平方千米，平均年径流量约为 40.62 亿立方米[②]。河源地带海拔高，终年积雪覆盖，每年六七月份河流径流量最大，冰川融水为其径流补给的主要方式，降水为辅助补给方式，此外还有少量地下水补给。喀什河流域水流清澈、两岸草原成片，次生林繁茂密布。

① 黄荣海 . 伊犁河畔 [M]. 北京：世界图书出版公司，2015：49.

② 黄荣海 . 伊犁河畔 [M]. 北京：世界图书出版公司，2015：23-24.

图 2-9　喀什河

三、地质

伊犁河谷位于天山褶皱带西侧，整个区域从大地构造的角度看，隶属于中亚地区同一微板块构造体系——伊犁盆地。它的地质演化过程始于海西运动晚期，形成巨大的天山山系；主要发育在早、中侏罗世时期，形成基本格局。本地区地质条件复杂，存在诸如那拉提断裂、喀什河断裂等多个断裂带，自形成以来地壳运动频繁。由于受到准噶尔板块、塔里木板块地壳运动及本地区断裂带的影响，本地区容易发生地震，地点主要集中在南、北天山两条地震带上（图 2-10）。

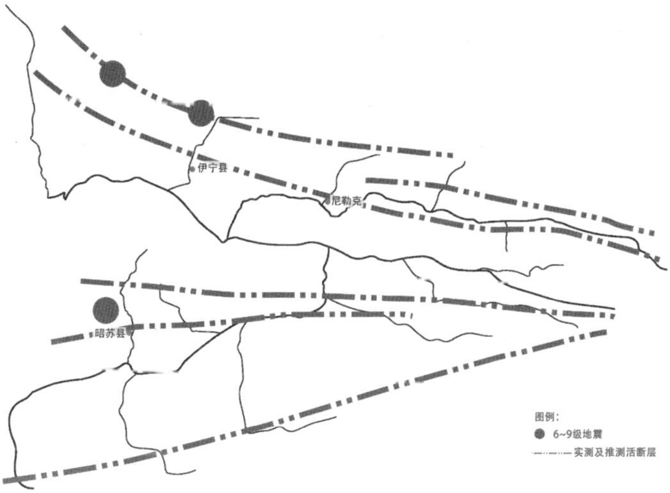

图 2-10　伊犁河谷震中分布及活动构造图
来源：在新疆地质博物馆地震展示图板基础上绘制

由于西侧紧临中亚荒漠区，黄土、粉尘物质丰富且多尘暴，西风携带大量的粉尘从伊犁河谷西部的开口涌入，东侧闭塞的地形使得粉尘在迎风坡沉积，混合降水发生沉降，为黄土的形成提供了有利条件。本地区的黄土为多孔隙湿陷性黄土，土质均匀、结构疏松，具有吸附、收缩、膨胀的特性，湿水易产生下沉。除黄土之外，灰钙土也是本地区主要的土壤之一。灰钙土是一种发育于暖温带荒漠草原黄土母质上、腐殖质含量不高的干旱性土壤[①]，土壤肥力强，是重要的农业土壤，适合草木生长，为伊犁河谷提供了良好的生态条件。

四、矿产

伊犁河谷位于天山褶皱带西侧，它的地质演化过程久远复杂，矿产资源富饶。早在远古侏罗世时期，由于气候湿热，森林茂盛，在伊犁盆地的下、中侏罗统内有着大量煤层。伊犁河谷煤炭资源储量巨大，有伊南煤田、伊北煤田、尼勒克煤田、昭苏煤田等（图 2-11）。伊犁河谷煤种全、煤层厚、煤质好，有“煤谷”之称。伊犁河谷境内的这些煤矿资源为人类的生产和生活提供了发展条件。

此外，横亘于尼勒克北部的博罗科努山，地层多样，地质背景复杂，在热接触变质作用及动力变质作用的影响下，山体内形成了多种矿产，包括接触变质作用形成的金、铜、钼矿产，破碎蚀变岩型金、银、锑、铅、锌矿产等，尤以金、铜矿点最多，是西天山地区重要的金、铜矿产成矿区[②]。位于西天山造山系中部的阿吾拉勒山曾是一个火山带，经历了复杂的火山活动过程，而矿

① 黄荣海. 伊犁河畔[M]. 北京：世界图书出版公司，2015：26.
② 黄荣海. 伊犁河畔[M]. 北京：世界图书出版公司，2015：128.

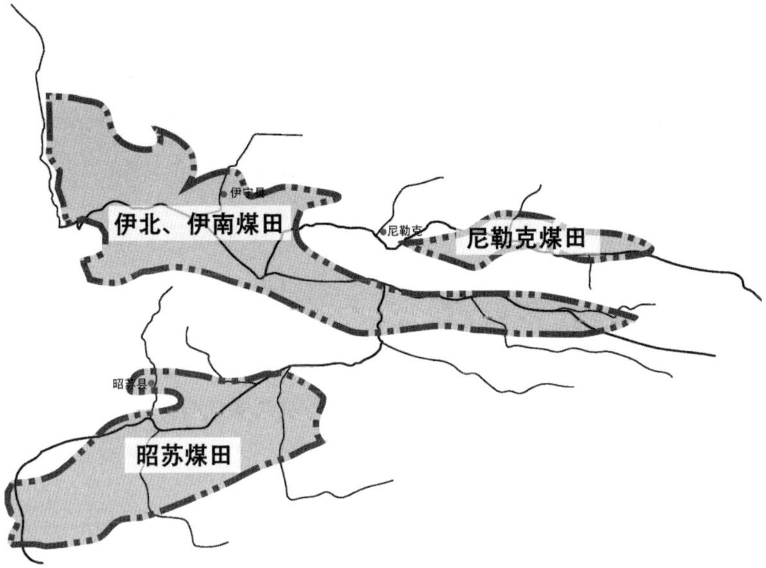

图 2-11　伊犁河谷煤田分布图
来源：在新疆地质博物馆煤层展示图板基础上绘制

床的产生直接受到火山盆地内的火山穹隆、火山洼地和火山机构等更替迁徙的制约[①]，导致阿吾拉勒山山体内部铜、铁等矿产资源丰富。玉希莫勒盖达坂位于阿吾拉勒山的最高段，是一处冰达坂，山体内发现的铜、金矿，早在春秋战国时期就被开采利用，现有多处遗址。

伊犁河谷区域水源充沛，气候宜人，林木茂盛，矿产丰富，亦农亦牧的环境为人类创造了良好的生存基础，其自然条件也为建造于此的传统建筑打上了独特的环境烙印。

第二节　历史发展沿革

伊犁得名于流经此地的伊犁河，《西域同文志》中释义伊犁为“光明显达”之义，形容河水在太阳的照耀之下波光粼粼。伊

① 刘凤鸣 . 阿吾拉勒山主要矿产分布规律 [J]. 新疆有色金属，2007，30（A01）：7-9.

犁在历史文献中又被称为伊列、伊丽等。《旧唐书·良吏传》中记载："永隆中，车簿反叛，围弓月城，方翼引兵救之，至伊丽河，贼前来拒，因纵击，大破之。"《汉书·傅常郑甘陈段传》中记载："侵陵乌孙、大宛，常为康居画计，欲降服之。如得此二国，北击伊列，西取安息，南排月氏，山离乌弋，数年之间，城郭诸国危矣。"清乾隆年间，伊犁河流域以及巴尔喀什湖以东、以南的广大地区被定名为伊犁，也含有"犁庭扫闾"之义，寓意最终平定准噶尔部（图 2-12），从此永保西陲安宁。

一、秦汉时期

最早见于史籍的伊犁民族是塞种人，继而为月氏、乌孙等族群。《汉书·西域传》中记载："昔匈奴破大月氏，大月氏西君大夏。而塞王南君罽宾，塞种分散，往往为数国。自疏勒以西北，休循、捐毒之属，皆故塞种也。"公元前 5 世纪至公元前 2 世纪初，月氏

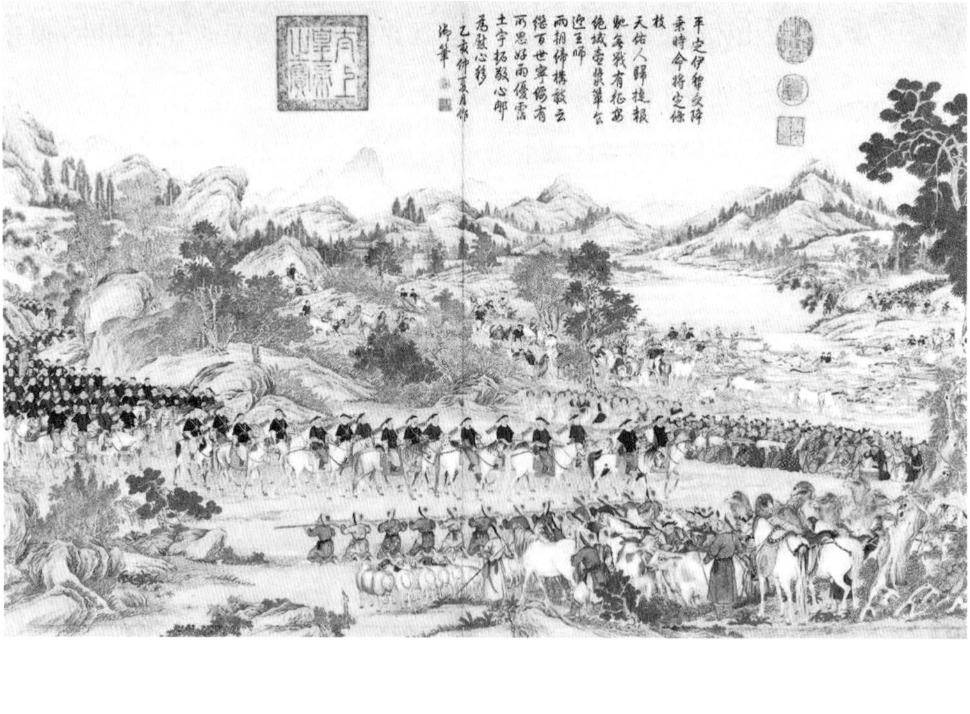

图 2-12 《平定准部回部得胜图·平定伊犁受降》
来源：故宫博物院馆藏

人游牧于河西走廊西部张掖至敦煌一带，势力强大，为匈奴劲敌。公元前 177 年至公元前 176 年，匈奴冒顿单于遣右贤王大败月氏，月氏大多数部众遂西迁至伊犁河流域及伊塞克湖附近。原住在伊犁河流域的游牧民族塞种人，受到月氏人的驱赶，被迫南迁到兴都库什山以南地区。随后匈奴老上单于与乌孙昆莫猎骄靡又合力进攻迁往伊犁河流域的月氏，月氏不敌，南迁至大夏境内，趁塞种人与月氏大部南下之后，乌孙人便离开敦煌祁连山的故土，迁徙至伊犁河流域游牧，在西域建立乌孙国，主要位于巴尔喀什湖东南、伊犁河流域，从此乌孙国日益强大（图 2–13）。公元前 108 年，应乌孙昆莫之请，汉武帝将宗室之女细君公主嫁与乌孙昆莫，细君公主思念家乡，写下《黄鹄歌》[①]，其中“穹庐为室兮旃为墙，以肉为食兮酪为浆”两句生动描绘了当时乌孙国的生活方式。几年后，细君公主去世，汉武帝又于公元前 104 年将另一位宗室之女解忧公主嫁给乌孙昆莫，汉朝与乌孙的关系日益密切。

图 2–13　乌孙墓——别克能萨依墓群

① 《汉书·西域乌孙传》记载细君公主远嫁乌孙后，于悲愁中作此歌，原文没有题目，后人编撰诗集时为统一体例，标以《黄鹄歌》，又名《悲愁歌》，其内容为：“吾家嫁我兮天一方，远托异国兮乌孙王。穹庐为室兮旃为墙，以肉为食兮酪为浆。居常土思兮心内伤，愿为黄鹄兮归故乡。”此诗即为我国边塞诗的源头。

公元前68年，汉朝派侍郎郑吉[①]率兵在车师（今吐鲁番盆地）屯田，统管天山以南各地。不久匈奴发生内乱，西域北道也得以畅通。公元前60年，为了管理统一后的西域，西汉在乌垒城（今轮台县境内）建立西域都护府，正式在西域设官驻军，推行政令，行使国家主权。西域都护府管辖西域各国（包括中亚费尔干纳盆地的大宛国及以东城郭诸国），并督察锡尔河中游地带的康居国、伊犁河流域的乌孙国。公元5世纪初，因柔然汗国入侵，乌孙西迁葱岭山中，不久为之所灭。柔然汗国势力则影响至准噶尔盆地和伊犁河流域。

二、隋唐至西辽时期

公元6世纪中叶，柔然汗国被新崛起的突厥所灭，建立突厥汗国，突厥势力影响至西域包括伊犁河流域[②]。公元657年，唐高宗任命苏定方[③]为伊丽道行军大总管，率主力西征，击溃了西突厥汗国大将阿史那贺鲁，并兵分南、北两路乘胜追击，进军伊犁河谷平定叛乱，统一西域，让唐朝的势力扩展到中亚地区。唐朝政府针对伊犁地方各部族多是西突厥这一情况，为安定西域形势，推行羁縻制度：册封当地的部落首领担任都督，作为唐朝官员，负责当地的日常行政事务，官职世袭。最先设立瑶池都督府，任阿史那贺鲁为瑶池都督。后因阿史那贺鲁叛变，经苏定方再次平定后，唐朝设立濛池都护府治理伊犁地区，隶属安西大都护府。唐高宗乾封二年（公元667年），李遮匐（原名阿史那遮匐）[④]叛

① 郑吉被任命为西域第一任都护，故《汉书·郑吉传》记载："汉之号令班西域矣，始自张骞而成于郑吉"。郑吉去世后，赐谥号为缪侯。

② 伊犁地区出土的小洪纳海石人粟特铭文证实突厥势力曾扩张到伊犁河流域。

③ 苏定方是唐初名将，曾北击颉利，西灭突厥，东平百济，南镇吐蕃，让西域诸国震慑降服。

④ 李遮匐是西突厥首领，姓阿史那氏，降唐后赐姓李，乾封二年（公元667年）阿史那步真死后，带领其众，聚众叛唐，附于吐蕃，自立为西突厥右厢可汗，治碎叶城。与阿史那都支分治西突厥两厢故地。

唐归附吐蕃[①]，后经裴行俭[②]平定，结束了吐蕃对伊犁河流域长达十三年的间接统治。武周长安二年（公元702年）于庭州设立北庭都护府，管辖天山以北广大区域，并沿天山北麓通往弓月城（即今新疆伊宁县吐鲁番于孜乡）以及渡过伊犁河到碎叶城的交通线上，设置了完整严密的驿站制度。

唐末，突厥部落中的葛逻禄部，与一些像回纥一样活动在葱岭地带的部落联合，建立了地方割据政权——喀喇汗王朝，又称“葱岭西回纥”。喀喇汗王朝极盛时期，所辖区域东起库车，东南起罗布泊，西至咸海，南临阿姆河，北至巴尔喀什湖，大致相当于唐朝安西都护府和北庭都护府所辖的大部分地区。喀喇汗王朝是中国历史上第一个信奉伊斯兰教的地方政权。北宋、辽、西夏时期依然保持了这种格局。

12世纪初，东北地区女真族崛起，建立金国。金国自建立起便不断向辽国发动战争，契丹贵族耶律大石带领辽军，于公元1124年，即在辽国灭亡前夕，西迁至西域。“耶律大石者，世号为西辽。大石字重德，太祖八代孙也，通辽、汉字，善骑射。”[③]公元1131年，契丹灭喀喇汗王朝，建立西辽王朝。耶律大石精通汉文化，擅长骑射，西辽官方语言和文字分别是汉语和汉字，使用汉式纪年方式，在西域地区弘扬发展了汉文化。伊犁的葛逻禄、高昌回纥等部落随即臣服于西辽王朝。在这一时期位于伊犁的阿力麻里城（葛逻禄部首府）、赤木儿城开始兴建，并逐渐发展为丝绸之路新北道上的重镇。

---

① 吐蕃是西藏历史上第一个有明确史料记载的政权，松赞干布被认为是实际建国者。

② 裴行俭参与防御吐蕃。调露元年（公元679年），计俘叛乱的西突厥十姓可汗阿史那匐延都支；次年，大破东突厥阿史德温傅及阿史那伏念所部，并以反间计逼阿史那伏念等来降，尽平东突厥残部。

③ 引自《辽史·卷三十》。

三、元明时期

13 世纪初，成吉思汗统一漠北草原诸部落，建立蒙古帝国，后又向西进军，开始征服西域。公元 1211 年，伊犁河流域的葛逻禄部杀死西辽的监国使者，投降蒙古。成吉思汗征服西域和中亚广大地区后，于 1219 年将包括伊犁河谷区域在内的“西辽故地”分封给他的二儿子察合台。后来，在察合台封地基础上逐步发展，建立了察合台汗国。察合台汗国的疆域，相当于现在北疆的伊犁和博尔塔拉地区，以及南疆喀什、和田地区，中亚的七河和河中地区。察合台汗国最先把首府设在忽牙思（今巩乃斯），后迁至阿力麻里城（今霍城县兵团六十一团），并迁来大批中亚手工艺人。

公元 1346 年，统治中亚的察合台汗国分裂为东、西两部分，伊犁河谷地区属于东察合台汗国。永乐十六年（公元 1418 年），歪思汗成为东察合台汗国可汗，“徙其国西区，更号亦力把里。”① 率众由吉木萨尔境内的别失八里西迁。歪思汗定都时，舍弃了衰落的阿力麻里城，选址在其东侧不远，位于伊犁河地区的亦力把里，于是明朝称此时的东察合台汗国为“亦力把里”。

歪思汗执政后，曾多次与来自漠北草原的瓦剌进行交斗。15 世纪末，瓦剌已经控制着从叶尼塞河上游到伊犁河流域之间的广大地区②。瓦剌内部分为准噶尔、杜尔伯特、土尔扈特、和硕特四部，这些部落后来又融合了一些突厥部落，成立“卫拉特联盟”。瓦剌内部的准噶尔部在巴图尔珲台吉统治时期逐渐强大起来，“恃其强，侮诸卫拉特”③，在“卫拉特联盟”中取得统治地位，建立

---

① 摘自《明实录》卷一九七。

② 勒内·格鲁塞．草原帝国 [M]. 蓝琪，译．北京：商务印书馆，2014.

③ 摘自张穆：《蒙古游牧记》卷十四“厄鲁特蒙古新旧土尔扈特部总叙”。

了地域辽阔的地方割据政权——"准噶尔汗国"。明崇祯十六年（公元1643年），巴图尔珲台吉率兵占领伊犁河谷、楚河流域，定都塔尔巴哈台，直接控制着巴尔喀什湖东南方向的伊犁河、楚河、塔斯拉河流域。

四、清朝时期

准噶尔汗国在噶尔丹在位期间"尽执元裔诸汗迁居天山以北，回部和哈萨克皆为其属"[①]，噶尔丹对内加强控制、对外积极用兵，统一准噶尔，将松散的联盟体制逐步改为集权统治，吞并了天山南麓的回部。为了准噶尔汗国更好地发展，噶尔丹将统治中心从资源相对贫瘠的塔尔巴哈台迁至地理位置优越、土地富饶的伊犁。随着势力不断扩张，准噶尔汗国开始对周边诸部落频繁侵扰，并与清政府产生直接军事冲突，严重威胁到清朝边疆的稳定。康熙曾三次率大军征讨噶尔丹，最终在康熙三十六年（公元1697年）的第三次讨伐中，击败噶尔丹。

策妄阿拉布坦在位时期，准噶尔部在臣服于清朝的同时又不断扩张势力，以"黄教保护者"[②]的身份击败和硕特、袭据西藏，并于伊犁河两岸建造了规模宏大的金顶寺[③]（固尔扎庙）（图2–14）、银顶寺[④]（海努克庙）（图2–15），在伊犁河谷营造宗教政治中心。

准噶尔部长期雄踞西北，屡次侵扰清朝边疆，对抗清廷，早已成为清政府统治的巨大隐患。出于"准噶尔一日不定，其部曲

① 摘自魏源：《圣武记》卷四"乾隆荡平准部记"。

② 贺灵．丝绸之路伊犁研究[M]．乌鲁木齐：新疆人民出版社，2009：82.

③ 金顶寺位于伊宁市东北、伊犁河北岸的一座高岗上，据说该寺屋檐用公羊角镶铺而成，寺顶金碧辉煌。"盛时供养藏传佛教僧侣六千余众"，是当时西北最大的蒙古族藏传佛教建筑。乾隆年间毁于战火，寺庙遗址现仅存一周长约为700米的方土台。

④ 银顶寺位于察布查尔县海努克乡海努克村南，与金顶寺隔伊犁河相望，建筑形式与金顶寺相似，殿顶重檐歇山，外面镶嵌银白色琉璃瓦顶。盛时，有藏传佛教僧侣千余人。乾隆年间被拆毁，现仅存直径百米的土墙垣，北墙外接50米×25米的土台。

图 2–14 金顶寺遗址
来源：《新疆维吾尔自治区第三次全国文物普查成果集——伊犁哈萨克自治州（直属县市）卷》

图 2–15 银顶寺遗址
来源：《新疆维吾尔自治区第三次全国文物普查成果集——伊犁哈萨克自治州（直属县市）卷》

一日不安”的原因①，自乾隆二十年（公元 1755 年）起，清政府借准噶尔内乱之机多次出兵平定，击败达瓦齐②、阿睦尔撒纳③，以格登山之战（图 2–16）最终消灭了准噶尔汗国。乾隆二十四年（公元 1759 年），清政府平息了南疆地区支持阿睦尔撒纳叛乱的大小和卓④，最终统一了天山南北地区。

清政府统一天山南北地区后，考虑到“伊犁向为准夷腹地加以经画，故稽事颇修。今归我版图，若不驻兵屯田，则相近之哈萨克、布鲁特等趁机游牧，又烦驱逐”⑤，遂在伊犁驻兵屯田，戍守边疆，防止临近的游牧民族侵扰，并将新疆的军事中心设置在伊犁。

天山南北地区地理位置偏远、民族矛盾复杂，清政府根据“伊犁、回部各处俱有办事大臣，已足控制远近，若添设镇道以下各官，即与口外体制不符，而一切建造衙署，添设奉工，俱从内地经理，

① 摘自《清高宗实录》卷四八九。

② 继噶尔丹策零之后，准噶尔大汗，“格登山之战”战败后被清军俘虏，禁于北京，乾隆三十九年（公元 1774 年）追封为“准噶尔亲王”。

③ 清朝厄鲁特蒙古辉特部台吉，准噶尔汗策妄阿拉布坦的外孙。帮助清军战胜准噶尔，消灭政敌达瓦齐，后背叛清朝，与俄国结盟，自立为厄鲁特总汗。

④ 天山南路维吾尔族封建主玛罕木特的两个儿子波罗尼都和霍集占，参与卫拉特蒙古辉特部首领阿睦尔撒纳发动的叛乱。

⑤ 摘自《清高宗实录》卷六零六。

图 2-16　格登山碑亭
来源：安英新摄

更滋繁费，且回众不相融洽，易起猜疑，殊未妥协。总之新疆非巴里坤、哈密可比，当因地制宜，在回城固不宜久驻官兵，既伊犁一带，亦仍当以满洲将军大员驻守”[①]，于乾隆二十五年（公元1760年），设置满洲将军大员进行管理，派遣阿桂为办事大臣处理伊犁地区事务。乾隆二十七年（公元1762年），明瑞正式被任命为总统伊犁等处将军（即伊犁将军）（图2-17），作为新疆的最高军事行政长官，管辖天山南北及中亚地区，以及处理各部落的具体事务，确立了伊犁在新疆的政治中心地位。为更好地镇守

图 2-17　设置伊犁将军谕旨
来源：《清高宗实录》

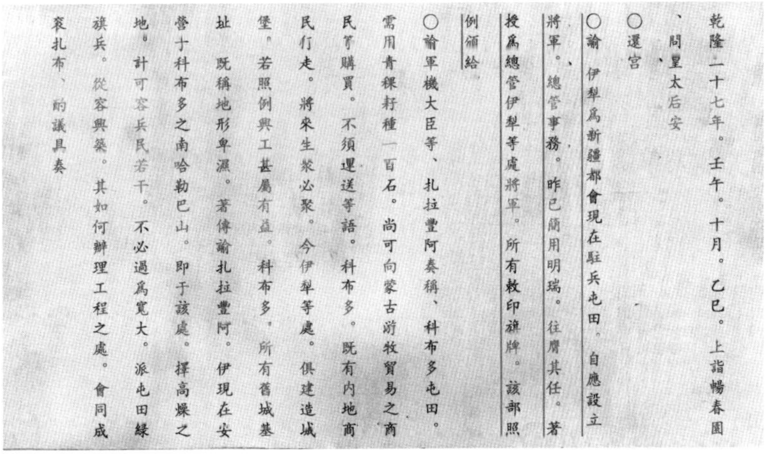
乾隆二十七年。壬午。十月。乙巳。上詣暢春園
、問皇太后安
○還宮
○諭 伊犁爲新疆都會現在駐兵屯田。自應設立
將軍。總管事務。昨已簡用明瑞。往膺其任。著
授爲總管伊犁等處將軍。所有敕印旗牌。該部照
例頒給
○諭軍機大臣等、扎拉豐阿奏稱、科布多屯田。
需用青稞籽種一百石。尚可向蒙古游牧貿易之商
民等購買。不須運送等語。科布多。既有內地商
民行走。將來生聚必聚。今伊犁等處。俱建造城
堡。若照例興工甚屬有益。科布多。所有舊城基
址既稱地形卑濕。著傳諭扎拉豐阿。伊現在安
營于科布多之南哈勒巴山。即于該處。擇高燥之
地。計可容兵民若干。不必過爲寬大。派屯田綠
旗兵。從容興築。其如何辦理工程之處。會同成
袞扎布、酌議具奏

---

① 摘自傅恒《平定准噶尔方略续编》卷一。

伊犁，清政府下令，从天山南麓、中原地区和东北地区往伊犁河谷迁入大量兵民进行驻兵屯垦，并开展大规模的城市建设，沿伊犁河建筑伊犁九城，伊犁将军驻扎在惠远城内。

光绪八年（公元 1882 年），清政府派伊犁将军金顺办理交收伊犁事宜，伊犁正式回归清朝，结束了沙俄对伊犁的占领。光绪十年（1884 年），左宗棠奏请在新疆设省，这时的伊犁河谷地区已经失去了伊犁河下游及七河地区的大片土地，成为中国最西侧的边境，加之伊犁河谷“喇叭形”向西开口的地势，不再具有作为新疆军政中心的优势，因此将新疆的行政中心迁至迪化（乌鲁木齐）。光绪十四年（1888 年），清政府在伊犁设府，伊犁将军仅掌管伊犁和塔城的军事防御，最初以绥定城为治所，后于光绪十九年（1893 年）迁至新建成的惠远新城。

伊犁河谷因其得天独厚的地理环境，自古为兵家必争之地。各族人民在此地生产和生活，为之奠定了丰富多元的文化底蕴（图 2–18）。

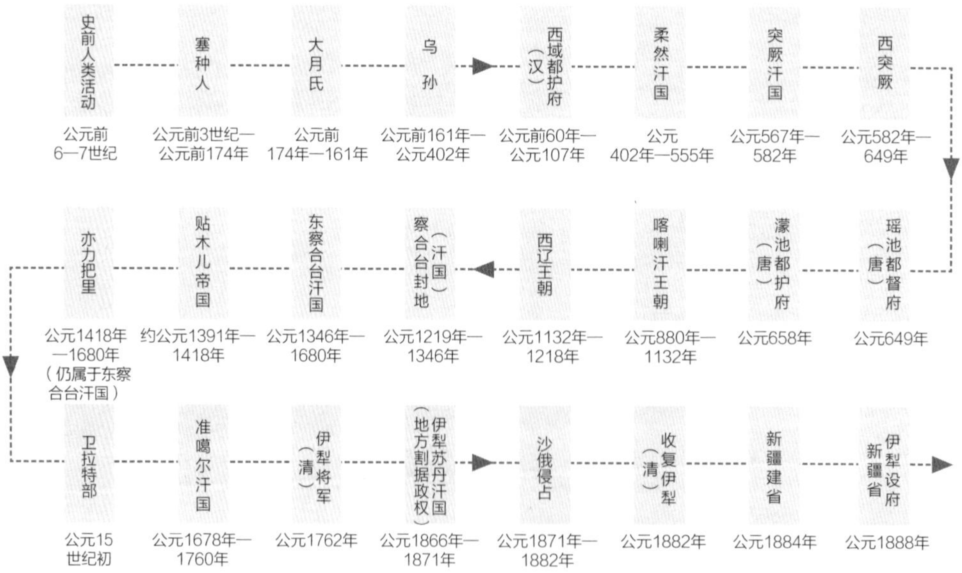

图 2–18 伊犁河谷历史沿革图
来源：根据《霍城史》绘制

第三章　伊犁的城镇分布与形态规模

伊犁位于我国的西陲边疆，具有优越的自然条件，占据着控制天山南北、羁縻中亚各部的重要地理位置，历来都是政权争夺的焦点。14世纪，熟悉中亚的意大利经济地理学家孛果罗地(Pegolotti)在分析了中亚的形势地理之后认为：“伊犁是最好的地方，迪化其次……”①

第一节　伊犁重要的地理位置

清乾隆二十二年（1757年），清政府平定准噶尔后，便确定以伊犁统辖新疆。之所以选择伊犁作为统辖整个新疆的核心，除了其优越的自然条件外，还因为伊犁占据着控制北疆、南疆以及中亚七河地区②的重要战略位置，起到“节制南北两路，统辖外夷部落”③的作用，进而成为天山南北的总汇之地（图3–1）。伊犁东部与精河交界，经乌苏、玛纳斯等地可达乌鲁木齐，“迪化伊宁线，自迪化西赴昌吉、呼图壁、绥来（即玛纳斯）、乌苏、精

① 陈澄之．伊犁烟云录[M]．上海：中华建国出版社，1948：49.

② 七河地区是指流向巴尔喀什湖的七条河流支流流经区域，包括巴尔喀什湖以南、中亚河中以东，以伊塞克湖和楚河为中心的周边地区，大致包含了今哈萨克斯坦阿拉木图州、江布尔州，吉尔吉斯斯坦以及中国新疆伊犁一带。

③ 参见（清）《新疆识略·伊犁舆图》。

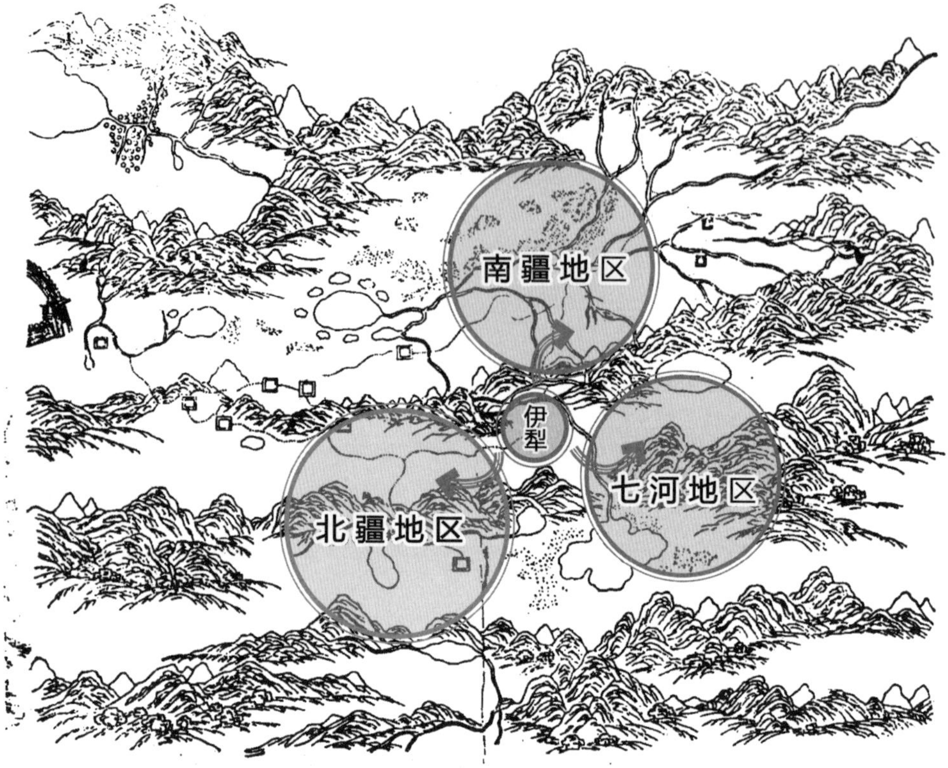

图 3-1 伊犁区位图
来源：在《新疆识略》新疆总图基础上进行绘制

河，而西至绥定惠远新城，共二十三站，一千七百七十里”①。南部通过特克斯、昭苏等地，翻越南天山隘口可达南疆的库车、阿克苏，“伊犁阿克苏线，自惠远经特克斯台，越冰岭而至阿克苏，共十六站，一千二百三十五里”②。同时，伊犁河谷地带西部沿河而下，可达自然条件优越的中亚七河地区。北部经鄂伦布拉克，可达北疆重镇塔尔巴哈台③。

① 参见（清）《新疆志略·交通》：“自迪化至伊宁县，自迪化出北门西北行，经大地窝铺，到昌吉县；由此西北行，经榆树沟，至呼图壁县佐城。又西北行，经靖边楼，至绥来县城；又西北行，经右沿子、乌兰、乌苏、安集海，到乌苏县城，又西南行，经四棵树、托多克以达精河县城。又西行经大河沿、五台、四台、三台、二台、头台，至广仁城。又东南行经上中三工、地窝堡，至绥定县城，又南行至惠远新城，又东行经标营卡子、脊梁子、城盘子（即熙春城），至伊宁县。”

② 参见（清）《新疆志略·交通》：“自伊宁至阿克苏县，自伊宁出东门，循伊犁河上坡行，渡伊犁河，经新满营营盘（又曰小营盘）、托古斯塔留、莫困苦扎勒达坂、济而噶郎恰克魄、阿尔曼布拉克、阿拉土依布达格尔达坂、八音布拉克、玉律阿拉、扣克乃克、的诺奕提达坂、喀札勒忒达坂、喀述河屯、铜厂庄，至库车县城，又西行经托和拉旦达坂、和色而，到拜城县城。又西南行，经察尔齐、玉而滚驿、扎木台，到阿克苏城。”

③ 参见（清）《新疆识略·伊犁舆图》：“（伊犁）自北而西与哈萨克接界，自西而南与布鲁特接界，东与乌鲁木齐所属精河接界，东北与塔尔巴哈台所属阿鲁沁达兰卡伦接界，南与阿克苏所属噶克察哈尔海台接界。”

清代中期，伊犁是统辖新疆的中心，清政府出于长治久安的考虑，在平定准噶尔和回部之后，便进行了大规模的驻防与屯垦。在新疆南北两路的屯垦过程当中，北路的屯垦规模尤为庞大，约为南路的三倍。而伊犁作为新疆北路的重地，再加之自然条件较好，其屯兵数量、开垦亩数、作物亩产及总产量在全疆所有屯垦之地中位于前列（表 3–1）。

表 3–1　新疆兵屯概况[①]

屯地名称	屯田亩数	兵屯人数	最高亩产	备注
伊犁	五万零五百八十八亩	二千五百人	十八斗八升	
罗克伦	六万五千三百零八亩	三千一百九十五人	九斗三升	昌吉属
玛纳斯	二万八千二百亩	一千四百人	十四斗	
塔尔巴哈台	一万七千亩	八百五十人	十六斗	
吉木萨尔	一万五千一百亩	七百五十五人	十四斗	
鄯善	一万三千六百三十三亩	八百人	十五斗九升	
托克逊	一万四千二百五十三亩	一千人	七斗五升	吐鲁番属
乌什	八千亩	四百人	九斗九升	
焉耆	七千四百四十亩	三百六十二人	九斗八升	

第二节　伊犁河谷的城镇分布

伊犁地区历史上曾建有众多城镇，伊犁河及其三大支流特克斯河、巩乃斯河和喀什河所流经的河谷平原地带则是城镇分布的集中区，这些城镇的位置、形态、规模与其发挥的政治、经济、军事作用紧密相连，承载与传达着重要的历史信息。

一、清代以前城镇分布情况

根据新疆维吾尔自治区第三次全国文物普查统计发现，伊犁河谷的古代城址（表 3–2）现有 31 处，其中 8 处城址可能兴建于

① 曾问吾．中国经营西域史 [M]．上海：商务印书馆，1936.

唐代，沿用至元代或更晚，如特克斯河南岸的昭苏县波马古城、夏塔古城，巩乃斯河南岸的阿勒吞古城，特克斯县博斯坦古城。城址平面呈长方形或正方形，生土夯筑，规模最大的波马古城周长为 1 420 米，有角楼、瓮城，但均不见马面。唐朝的弓月城是伊犁河流域中的一个著名的城池，据《新唐书 · 西突厥传》中《乌质勒传》记载："突骑施乌质勒……稍攻得碎叶，即徙其牙居之，谓碎叶川为大牙，弓月城，伊丽水为小牙。"弓月城作为西突厥的小牙帐，是当时的商业中心、军事重镇。《新唐书 · 地理志》中记载：自张堡城守捉（唐朝边地驻军机构）出发"七十里有乌宰守捉；又渡白杨河，七十里有清镇军城；又渡叶叶河，七十里有叶河守捉；又渡黑水，七十里有黑水守捉；又七十里有东林守捉；又七十里有西林守捉；又经黄草泊、大漠、小碛、渡石漆河，逾车岭，至弓月城"，弓月城现位于伊宁县吐鲁番于孜乡。

表 3–2　伊犁河谷地区早期城镇

城镇名称	建城年代	城镇规模	现在位置
弓月城	唐	不详	伊宁县吐鲁番于孜乡
波马古城	唐至元时期	城方形，南北长 350 米，东西长 360 米，周长为 1 420 米	昭苏县西南七十四团四连西北约 2.8 千米
夏塔古城	唐至元时期	不规则，近似方形，北墙长 390 米，南墙长 212 米，西墙长 480 米，东边紧临夏塔河，原来有无城墙不详	昭苏县夏特柯尔克孜族乡阔斯托别村北 13 千米
博斯坦古城	唐至宋元时期	长方形，南北城墙约长 206 米，西城墙长约 162 米，东城墙隐约可见遗址	特克斯县特克斯镇博斯坦村西南，特克斯河北岸河谷阶地
阿勒吞古城	唐至宋元时期	方形，南北长 189 米，东西长 188 米	新源县新源镇玉什布拉克村西北
喀拉苏古城	未知	北城墙残长为 200 米，东城墙残长为 300 米，南城墙残长为 60 米，北城墙外有宽 5 米、深 1 米的护城壕	尼勒克县喀拉苏乡赛普勒村南

（续表）

城镇名称	建城年代	城镇规模	现在位置
苏吾城堡	未知	军事戍堡，呈方形，坐西朝东，南北长 77 米，东西长 76 米	昭苏县西南七十团西侧
胡土尔乎城堡	未知	军事戍堡，原有两座，均为方形，呈“吕”字形南北排开，现存南堡垒北墙长 58 米、南墙长 55 米、东墙长 50 米、西墙长 53 米	昭苏县西南察汗乌苏乡巴尔格勒津村西南
布尔拖里哈城堡	未知	军事戍堡，呈方形，北墙长 75 米、南墙长 83 米、东墙长 92 米、西墙长 95 米	昭苏县喀拉苏乡布尔托里哈牧业点草原
阿力麻里城	西辽前后	周长为 25 千米	霍城县西北六十一团二连的农田中
索伦古城	未知	呈方形，南北长 385 米，东西长 375 米，可能为阿力麻里附庸城邑	霍城县西北六十二团六连的农田中
磨河古城	唐至元时期	方形，北墙长 355 米、南墙长 360 米、东墙长 357.5 米、西墙长 347.5 米，可能为阿力麻里附庸城邑	霍城县三道河乡塔尔吉村旁
三宫古城	不晚于元	呈方形，南北长 196 米，东西长 193 米	霍城县三宫乡下三宫村三宫水库东侧
火烧庄子古城	元至清时期	墙址不完整，呈不规则六边形，周长约为 707 米	霍城县兰干乡新荣村火烧庄子西南农田
海努克古城	元初	规模不大，内外双重城，外墙已无，仅剩一土埂，外周长为 2 千米，内城为长方形	察布查尔县海努克乡海努克村东北伊车布哈渠南岸
可坦买里城	元前后	呈长方形，东西长 270 米，南北长 202 米	伊宁县阿热吾斯塘乡布拉克巴什村北农田
阿布那什城	元前后	呈方形，边长为 200 米，现仅存东南角残墙	伊宁县阿热吾斯塘乡布拉克巴什村北 200 米农田
布拉克巴什城	元前后	呈长方形，南北长 230 米，东西长 140 米	伊宁县阿热吾斯塘乡布拉克巴什村西 2.5 千米处

来源：根据《新疆维吾尔自治区第三次全国文物普查成果集——伊犁哈萨克自治州（直属县市）卷》编制

其中7座城址可能兴建于元代前后，有的沿用至清代，均分布在伊犁河上游的霍城县、伊宁县和察布查尔县，以霍城县阿力麻里城及其周围的附庸城邑磨河古城、三宫古城、索伦古城为代表。附庸城邑均为方形，有角楼、护城壕，个别有马面。其中察布查尔县的海努克古城是这一时期唯一的内外两重城，外周长为2 000多米。

在元代丘处机所著《长春真人·西游记》中提到阿力麻里城（图3–2）："宿阴山北 。诘朝南行，长坂七、八十里，抵暮乃宿……晨起，西南行约二十里，忽有大池，方圆几二百里，雪峰环之，倒影池中。师名之曰天池。沿池正南下，左右峰峦峭拔，松桦阴森，高逾百尺。自巅及麓，何啻万株。众流入峡，奔腾汹涌，曲折弯环，可六七十里。二太子扈从西征，始凿石理道，刊木为四十八桥，桥可并车。薄暮宿峡中，翌日方出。入东西大川，水草盈秀，天气似春，稍有桑枣，以是名其城。次及一程，九月二十七日至阿里马城……宿于西果园。土人呼果为阿里马，盖多果实，以是名其城。"通过丘处机的描述可以知道，阿力麻里城因盛产苹果而得名。其位置在今天的霍城县西北45千米处克干山麓的六十一团二连的农田中。阿力麻里古城范围较大，周长约为25千米。具体建城时

图3–2 阿力麻里城故址现状

间现已不可考证，有学者推测为西辽或者更早时期。阿里麻里城在西辽王朝时期为葛逻禄部首府，后为蒙古察合台汗国的都城，在元朝时期是联系东西贸易的枢纽和国际著名都市。

二、清代城镇分布情况

伊犁河谷在清代进行了大规模的城镇建设，也印证了“城市数量的显著增加，较之以往最为突出的特点就是边疆城市的大量兴起”[①]。城镇的大量建设对边疆地区的发展起到了显著的促进作用。

清代乾隆年间，伊犁河谷地带集中建设了九座主要城镇（表3-3），合称“伊犁九城”，均位于伊犁河之北。而伊犁河之南主要为锡伯、厄鲁特驻剳游牧的场所。《西域图志》中记载：“伊犁东南北三面负山，地势平广，土膏绕厚。地有三河，一空格斯河，出纳拉特岭之北，西北行。一哈什河，出哈喇古颜山，西南行。一特克斯河，出汗腾格里山，东北行。各三百余里，汇为伊犁河，经流其地，西北入海。支渠数十道，分溉民田。地气和暖，为山北沃壤。”伊犁河谷三面环山，地势平坦，气候宜人，水源充足，土壤肥沃，适宜屯桑。

表3-3　伊犁九城城镇建设概况[②]

城镇名称	修（扩）建年代	主要居住民族	原地名[③]	相对里程	发起人
宁远城	乾隆二十七年（1762年）	维吾尔族	固勒札	惠远城东南九十里	伊犁将军阿桂

① 何一民．清代城市研究的意义现状与趋势[J]. 湘潭大学学报（哲学社会科学版），2009（3）：139.

② 参见（清）《新疆识略·伊犁舆图》。

③ 宁远城，原意为“宁靖边远”，民国三年（1914年）改名伊宁。宁远城原地名“固勒札”是准噶尔语“金顶寺”的音译；熙春城原地名“哈喇布拉克”，维吾尔语原意为“黑泉子”；惠宁城原地名“巴彦岱”，准噶尔语原意为“富者”；塔勒奇城原地名“塔勒奇”，准噶尔语原意为“泉水奔腾湍急万分”；绥定城原地名“乌哈尔里克”，维吾尔语原意为“众多的鸬鹚”；瞻德城原地名“察罕乌苏”，维吾尔语原意为“白水”；广仁城原地名“乌克尔博罗素克”，准噶尔语原意为“地多青绿苇草”；拱宸城原地名“霍尔果斯”，准噶尔语原意为“畜牧地”。

（续表）

城镇名称	修（扩）建年代	主要居住民族	原地名	相对里程	发起人
熙春城	乾隆四十五年（1780 年）	汉族	哈喇布拉克	惠远城东南八十里	伊犁将军伊勒图
惠宁城	乾隆三十四年[①]（1769 年）	满族	巴彦岱	惠远城东北七十里	伊犁将军明瑞
惠远城[②]	乾隆二十九年[③]（1764 年）	满族	—	伊犁河北岸	伊犁将军明瑞
塔勒奇城	乾隆二十六年（1761 年）	汉族	塔勒奇	惠远城西北三十里	办事大臣阿桂
绥定城	乾隆二十七年（1762 年）	汉族	乌哈尔里克	惠远城西北三十里	伊犁将军阿桂
瞻德城	乾隆四十五年（1780 年）	汉族	察罕乌苏	惠远城西北七十里	伊犁将军伊勒图
广仁城	乾隆四十五年（1780 年）	汉族	乌克尔博罗素克	惠远城西北九十里	伊犁将军伊勒图
拱宸城	乾隆四十五年（1780 年）	汉族	霍尔果斯	惠远城西北一百二十里	伊犁将军伊勒图

在具体城址的选择上，乾隆二十五年（1760 年）办事大臣阿桂奏请：“海努克地方（今察布查尔县东南）请建一小城，驻兵数百名，以遏哈萨克布鲁特等所通之路。至察罕乌苏（即瞻德城所在位置）地土肥沃，种地一千名绿营兵请即在察罕乌苏居住，建一小城池，以遏哈萨克布鲁特由伊犁河北来之路。请将来年春季起陆续前来之七百户回子，具令驻劄固勒札（即宁远城所在位置附近）建一大城，所有大臣衙署及仓厫房间俱修于此。”[④] 由此可看出，阿桂建议为容纳大臣衙署等机构而在固勒札（即宁远城）建一座大城。为控制伊犁河谷南北两侧的特克斯达坂和果子沟，

① 惠宁城建城时代来自于：王砚．伊犁九城历史地理研究．天津师范大学硕士学位论文．2019：13-15.

② 惠远旧城于 1871 年沙俄侵占伊犁后被毁，1882 年清政府收复伊犁后在旧城北 7.5 千米处建惠远新城。

③ 惠远城建城时代来自于：王砚．伊犁九城历史地理研究．天津师范大学硕士学位论文．2019：12-13.

④ 清乾隆二十五年（1760 年）办事大臣阿桂奏伊犁增添兵丁及种地回子并修筑城垣等事一折奉。

而在海努克（今察布查尔县东南）、察罕乌苏（即瞻德城）各建一座小城。由固勒札、海努克、察罕乌苏组成一大两小的城镇体系（图 3-3）。

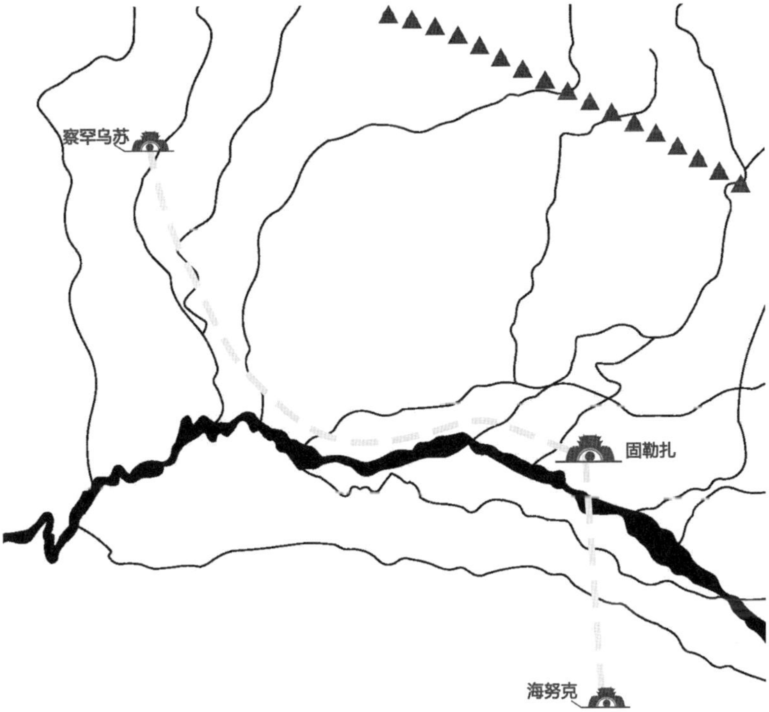

图 3-3　阿桂奏请建城分布示意

伊犁是形势锁钥之地，境内土地肥沃，清政府考虑在此修建城池，种地驻兵，可以达到巩固边疆、遏制游牧民族的目的，因此同意阿桂在固勒札、海努克、察罕乌苏建设城镇，但对于城镇建设的规模，清政府则认为：

“固勒札野柴稀少，若修建大城，令多人居住，不得柴薪，兵丁不免拮据，应于乌哈尔里克、察罕乌苏、乌苏哈什、崆吉斯、博乐齐尔等处，广有树木之地，或近产煤之处，多驻兵丁，方属有益”[①]。

朝廷考虑到大量官兵驻扎于一座大城之中，日常的炊饮、取暖所需的大量木材、煤炭却难以获得，因此建议沿河谷地带，在林木较多或出产煤炭的地方多驻兵丁。同时，在多座城镇派遣驻兵，也便于屯田士兵就近进行屯垦而避免长途运输，保障驻防官兵军需粮草的供应。“乾隆时，屯镇总兵马虎、乔照、刘鑑办理屯务，曰中营、左营、右营、塔勒奇营、霍尔果斯营、巴彦岱营，皆兵屯也，每岁与户屯、回屯计亩输粮，以瞻军食，而济饷粮所不远，丰功伟绩，令人思慕难忘。”[②]

伊犁九城的建设不是一蹴而就的，其建设过程共分为三个阶段。第一阶段（图 3-4），主要在乾隆二十六年（1761 年）至二十七年（1762 年），重点建设了塔勒奇城、绥定城和宁远城，

图 3-4 “伊犁九城”第一阶段建城分布示意

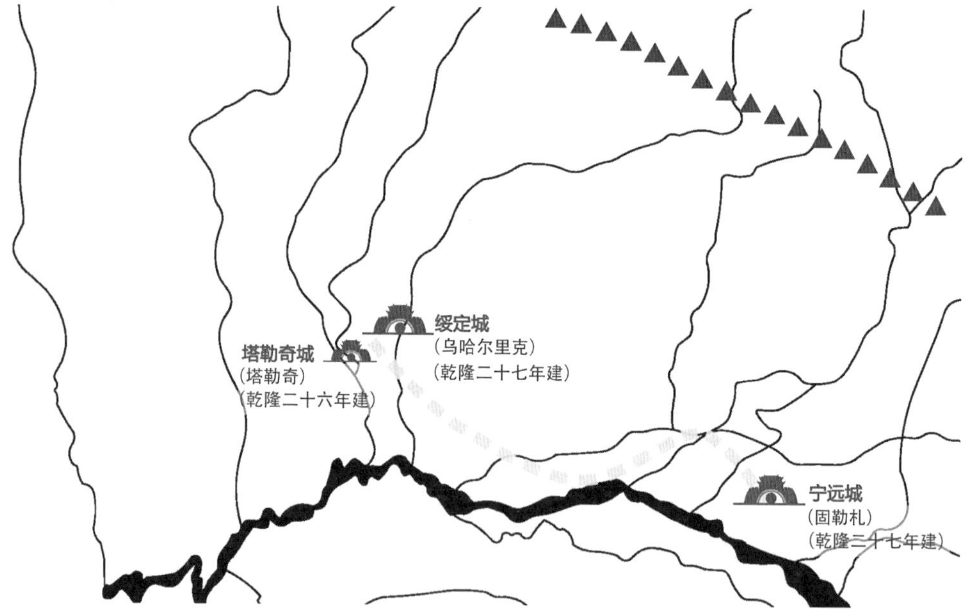

① 参见清乾隆二十五年办事大臣阿桂奏伊犁增添兵丁及种地回子并修筑城垣等事一折奉。
② 参见（清）《绥定县乡土志·政绩》。

这三座城镇呈现出与阿桂奏请中不同的分布形式。最早建成的塔勒奇城，是一座供八旗官兵驻防而临时修筑的小城。随后而建的绥定城，主要驻扎了衙署大臣和八旗官兵，宁远城主要安置回屯民众和绿营官兵。第二阶段（图 3–5），主要在乾隆二十九年（1764 年）至三十四（1769 年）年，重点建设了惠远城和惠宁城，两座城镇为满城，驻防八旗官兵。此时，绥定城和塔勒奇城改为驻防绿营官兵之地。第三阶段（图 3–6），主要在乾隆四十五年（1780 年），重点建设了熙春城、瞻德城、广仁城、拱宸城，四座城镇皆驻防绿营官兵。

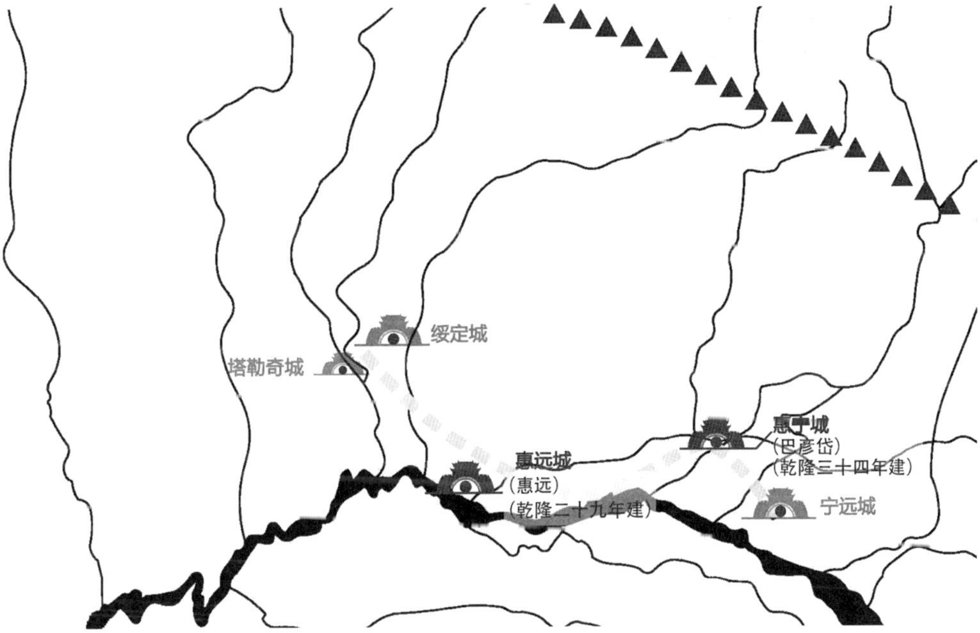

图 3–5 “伊犁九城”第二阶段建城分布示意

自乾隆二十六年（1761 年）至四十五年（1780 年）近二十年的时间内，清政府在伊犁河谷地带陆续修建了宁远城、熙春城、惠宁城、惠远城、塔勒奇城、绥定城、瞻德城、广仁城、拱宸城九座大小不一的城镇（图 3–7），谓之“伊犁九城”。“九城并列

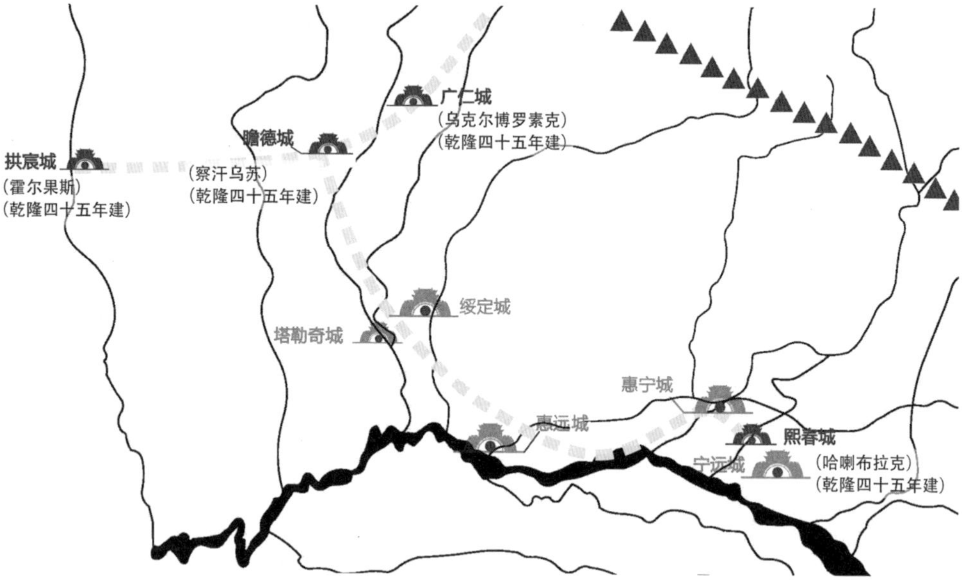

图 3-6 “伊犁九城”第三阶段建城分布图示意

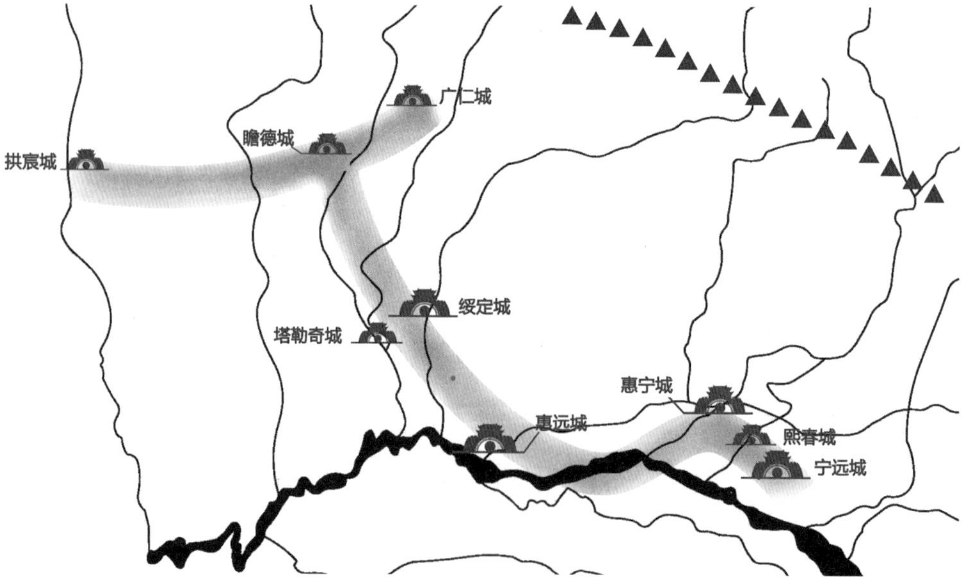

图 3-7 伊犁九城分布图

于伊犁河北岸，东西相望，互为犄（掎）角，高山大河，表里环抱，形势之胜，甲于西域。”[1] 这九座城镇，沿塔勒奇山山前平原地带、伊犁河北岸一字排开，彼此相距十到五十里不等，交通便利且少有水患，构成了夹在山水之间的城镇带。“伊犁九城”之间又通过其间的军台、驿站、村落相互连接成为一张完整的陆路交通网，覆盖了整个伊犁河谷区域（表 3–4）。城镇与众多卡伦[2]（图 3–8 至图 3–10）共同形成了伊犁河谷的整体防御体系。

表 3–4　伊犁九城之间的交通联系（以绥定城为例）

方位	途经地	目的地
城南	十五里惠远城驿	惠远城
城东	三十里水泉子，三十里截梁子，三十里巴彦岱，十五里城盘子，五里宁远县城驿	宁远城
城西	十里塔勒奇城，三十里三道河，三十里板桥，二十里霍尔果斯城	拱宸城
城西北	十里地窝堡，五十里瞻德城，四十里小西沟，四十里大西沟，四十里苜蓿沟，七十里察罕乌苏沟，六十里博罗塔拉	博乐县
城北	十里地窝堡，五十里广仁驿，四十里塔勒奇阿满驿（头台），四十里鄂博勒齐尔驿（二台），八十里鄂勒著依图博木驿（三台），九十里胡素图布拉克驿（四台），九十里托霍木图驿（五台）	精河县

来源：根据《绥定县乡土志》编制

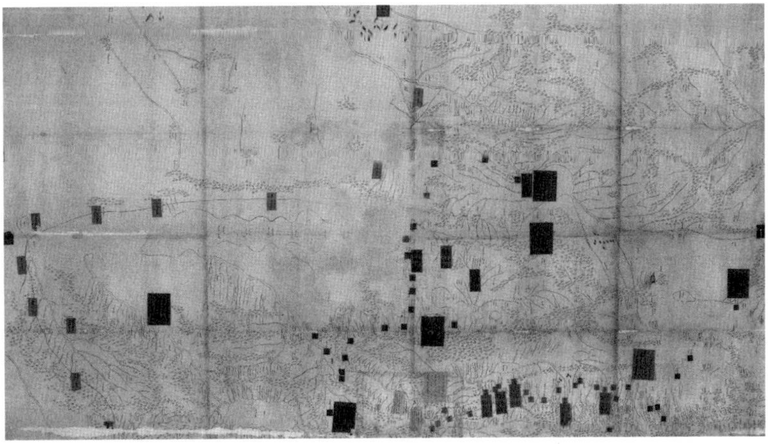

图 3–8　塔勒奇城卡伦图
来源：中国第一历史档案馆藏

① 参见（清）《新疆志略 · 垦务》。
② 清政府在北方边疆地区广泛设置的更番候望之所，其在蒙古语、满语中有“哨所”之意。

图 3-9 霍城县沙彦卡伦
来源：《新疆维吾尔自治区第三次全国文物普查成果集——伊犁哈萨克自治州（直属县市）卷》

图 3-10 索伦古城登元卡伦
来源：史建新摄

除了陆路交通，水路也是“伊犁九城”内部物资运输的主要方式之一。“伊犁河水路货运日益繁忙，大宗水运货物首先是木材，除官方有组织地进行，民间也多有人以水运贩卖木材为业”[①]。“伊犁九城”中的宁远城、惠远城就位于伊犁河畔，其他城镇也大多临近伊犁河。城镇建造所需的木材、石材等建材和附近山中盛产的果蔬等物产都可以通过伊犁河来运输。

第三节 伊犁九城的形态特征

伊犁九城的城郭形态与西北地区大量设置的军事城镇较为一致，以矩形为主，通常在城镇正中建钟鼓楼或牌楼，东西南北四条大街交会于此，大街之外再用较小的街衢进行更为细致的划分（图 3-11）。在围合整个城镇的城墙之上设置有木构城楼、敌楼、角楼等建筑，主体城墙采用夯土版筑，外层并无包砖。伊犁地处

① 祁若雄．新疆伊犁河航运开发始末 [J]. 中国边疆史地研究导报，1990（5）：26-29.

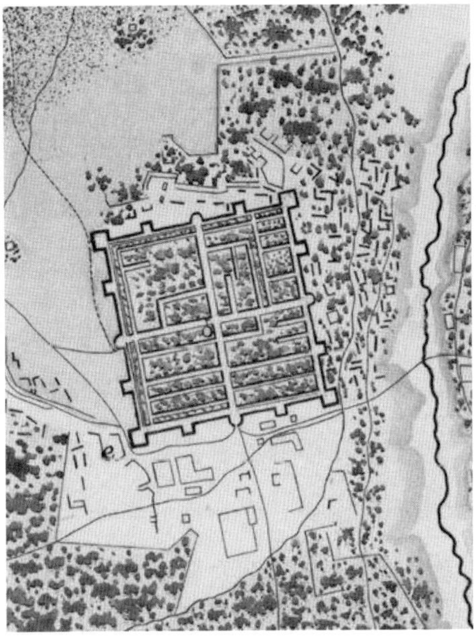

图 3-11　绥定城平面图
来源：美国国会图书馆藏

亚欧大陆腹地，属于温带大陆性气候，干燥少雨，温差大将就地取材的黄土，逐层版筑后就建成了传统城镇中最常使用的夯土城墙（图 3-12 至图 3-13），在防水要求不甚严格的西北地区，夯土版筑所建造的城墙能够屹立较长时间。

图 3-12　绥定城城墙
来源：莫理循摄

图 3-13　惠远旧城城墙

一、惠远城形态特征

乾隆二十七年（1762 年），清政府在伊犁设立“总统伊犁等处将军”（伊犁将军），派凉州、庄浪等处满八旗官兵携眷屯驻伊犁，修筑惠远城供其驻扎。在规划之初，惠远城便被定为伊犁的一座大城，除驻扎满八旗的兵眷外，原本驻扎在绥定城的将军及其下属也迁于此。

惠远城（旧城）（图 3–14）城墙近似方形，初建时周长九里三分（约 5.3 千米），每边长 1 325 米，高近 5 米，有四座城门。“瓮城四座，每座周围三十二丈，门洞高一丈一尺，面阔一丈，进深一丈二尺。”① 东南西北四座城门均有瓮城，每座瓮城周长约为 96 米，门洞高约为 3.5 米，面阔约为 3.2 米，进深约为 3.8 米。“炮台二十四座，每座面阔一丈八尺，进深一丈五尺，台上各盖房一间。”② 在四面城墙上，一共有 24 座炮台，每面城墙各有 6 座，

图 3–14 惠远旧城城墙遗址

① 引自惠远城城图标注，图片来源：中国第一历史档案馆。

② 同上。

每座面阔 5.8 米，进深 4.8 米，炮台上均建有敌楼。惠远城每两个马面之间的距离约为 130 米，净间距约为 120 米。清朝前期，弓箭的射击半径约为 60 米[①]，惠远城 120 米的马面间距契合弓弩等兵器的杀伤射程。

“角楼四座，每座高一丈四尺，见方三丈，台上各盖房三间，砖瓦成造。”[②] 城墙四角各有一处角楼，每座高约为 4.5 米，9.6 米见方，每个台上均建有三间砖瓦砌成的房子。“城外海壕一道，离城七丈，宽三丈五尺，深八尺五寸。”[③] 距城墙约为 22.4 米的地方有一道壕沟，沟宽约为 11.2 米，深约为 2.7 米，可起到防御作用。

惠远城内的街道空间（图 3–15）以位于中央东西、南北走向的两条十字大街为骨架，将城内空间呈“田”字形均匀地划分为四个部分。每一部分的东西、南北走向各有两条街道纵横交错，形成“井字格”的路网骨架。在此基础上，穿插着东西走向的小巷。这些道路共同构成惠远城内的路网体系。“城内东西南北大街各宽一十六丈，东西顺城街各宽五丈，北顺城街宽三丈，南顺城街宽六丈，南北大巷四道，各宽三丈，东西小巷二十三道，宽两丈至三丈不等。”[④] 惠远城内两条中央大街宽度相同，约为 51.2 米。靠近城墙的环城道路中，东西两侧街道宽约 16 米，北侧街道宽约 9.6 米，南侧街道宽约 19.2 米。在中央十字大街划分出来的每一部分中，构成“井字格”路网的四条次街宽 9.6 米。整个城镇中东西走向共有 23 条小巷，每条小巷宽 6.4~9.6 米。

在十字大街交会的中心，有一处钟鼓楼，“钟鼓楼台一座，

① 何圳泳．涞源县明长城军事防御体系研究 [D]. 保定：河北大学，2016：42.
② 引自惠远城城图标注，图片来源：中国第一历史档案馆。
③ 同上。
④ 同上。

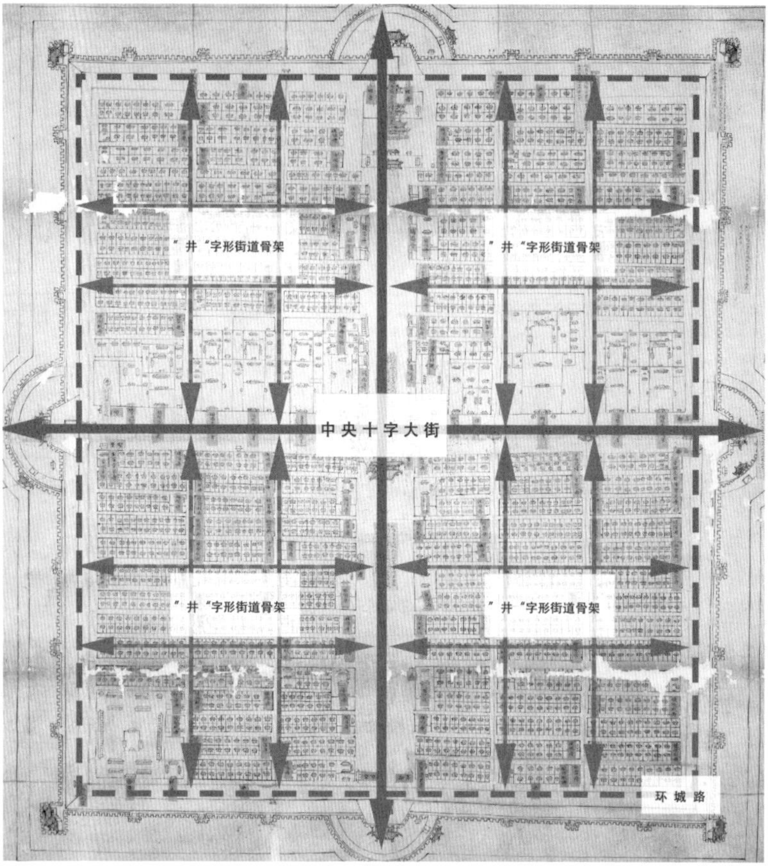

图 3–15 惠远旧城内部街道结构
来源：在中国第一历史档案馆馆藏惠远城城图基础上绘制

高一丈六尺，面阔六丈六尺，进深四丈六尺。四面楼洞各宽一丈一尺，高一丈二尺五寸，台上盖楼房三间，砖瓦成造"[①]。钟鼓楼台高约 5.1 米，面阔宽约 21 米，进深约 14 米，钟鼓楼台座四面门洞宽约 3.5 米，高约 3.8 米，楼台上建有砖砌墙体的三开间楼阁，屋面覆瓦。

惠远城在建城之初被称为"水城"[②]，设计有发达的水道（图 3–16），城北侧有四处入城水渠，连接护城河，水渠进入城内后分为六条渠道，竖直贯穿惠远城南北。中央十字大街沿东西

① 引自惠远城城图标注，图片来源：中国第一历史档案馆。
② 惠青睿．丝绸之路历史城镇保护与发展研究 [D]. 西安：西安建筑科技大学，2018：27.

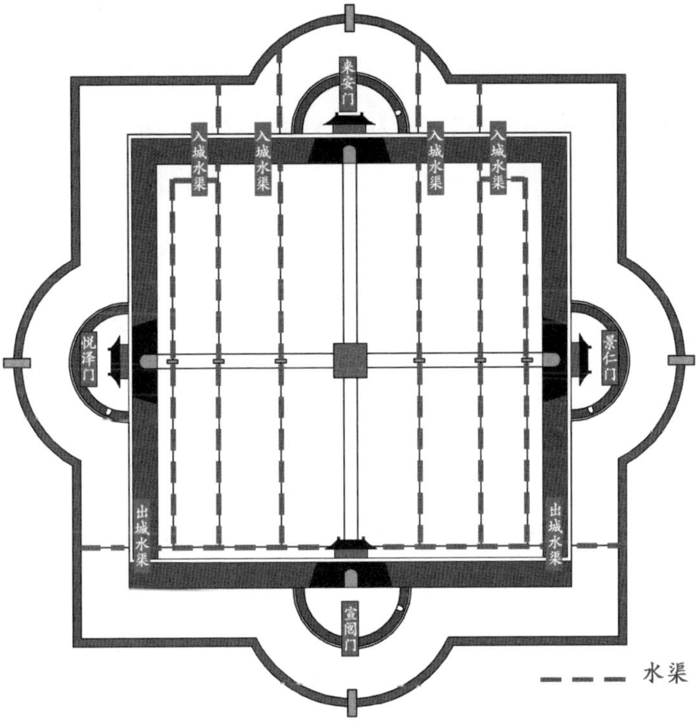

图 3-16　惠远城水道示意
来源：在中国第一历史档案馆馆藏惠远城城图基础上绘制

向街道设置有六座小桥跨越水渠，将六部分联系起来。水最终由东南、西南方向的两个水渠流出城外，汇入护城河中。

二、惠宁城形态特征

“新筑惠宁城，周围六里三分，垛墙一千九百五十六堵，城身高一丈六尺，垛墙高五尺五寸，共高二丈一尺五寸。”[①] 惠宁城平面呈方形，周长约为 3.6 千米，城墙上有 1 950 堵高 1.8 米的雉堞，起到一定的防御作用。城墙总高为 6.9 米，除去雉堞，高为 5.1 米。“城门楼台四座，每座顶厚二丈七尺，底厚三丈一尺，顶宽四丈七尺，底宽五丈一尺，高一丈八尺，城门楼四座。瓮城四座，

① 引自惠远城城图标注，图片来源：中国第一历史档案馆。

顶厚八尺，底厚一丈二尺，高一丈四尺。”[①] 惠宁城有四座城门，每座城门外均有一座弧形的小瓮城，瓮城城墙高 4.5 米，顶厚 2.6 米，底厚 3.8 米，内外收分约为 13.3% 城墙高[②]。每座城门的城台三面均有收分，顶厚 8.6 米，底厚约 10 米，顶宽约 15 米，底宽 16.3 米，高 5.8 米，平均内外收分约为 12% 城墙高，左右收分约为 11.2% 城墙高。“炮台一十六座，每座顶厚一丈二尺，底厚一丈二尺，顶宽一丈三尺，底宽一丈八尺，炮台房一十八间。”[③] 城墙上每侧有四个马面，马面之间的距离约为 120 米，满足弓箭的有效射程，16 座马面上建有 18 座敌楼。敌楼顶宽约 4.2 米，底宽约 5.8 米，顶部和底部厚度一致，均为 3.8 米，马面仅两侧有收分，约为 15.6% 城墙高。“角楼台四处，每处顶子见方二丈五尺，底子见方三丈，角楼四座。”[④] 城墙四角各有一个角楼台，台上建角楼，角楼台呈方形，上窄下宽，顶部 8 米见方，底部 9.6 米见方，四侧均有收分，每侧收分约为 15.6% 城墙高。

惠宁城空间布局与惠远城相同，都是由中央十字大街将城市的整体空间均匀分为四部分。在十字大街的交会处，东、南、西、北四个方向上均竖立牌坊，以界定城内中心空间。由于城东侧的南北地块各有一处泉水，道路分布比较不均衡。路网整体上以南北向道路为主干，东西向的小巷穿插其中（图 3–17）。

城中设有水系（图 3–18），沿着南北街巷布置有三条水渠，贯穿惠宁城。由于东侧有两处泉水，三条水渠整体位置偏西，由北侧护城河流入，穿城而过，从城南流出到南侧护城河中。

---

① 引自惠远城城图标注，图片来源：中国第一历史档案馆。

② 城墙收分的计算方式：（城墙底部尺寸—城墙顶部尺寸）/ 城墙高 ×100%，此处城墙高不算雉堞高度。

③ 引自惠远城城图标注，图片来源：中国第一历史档案馆。

④ 同上。

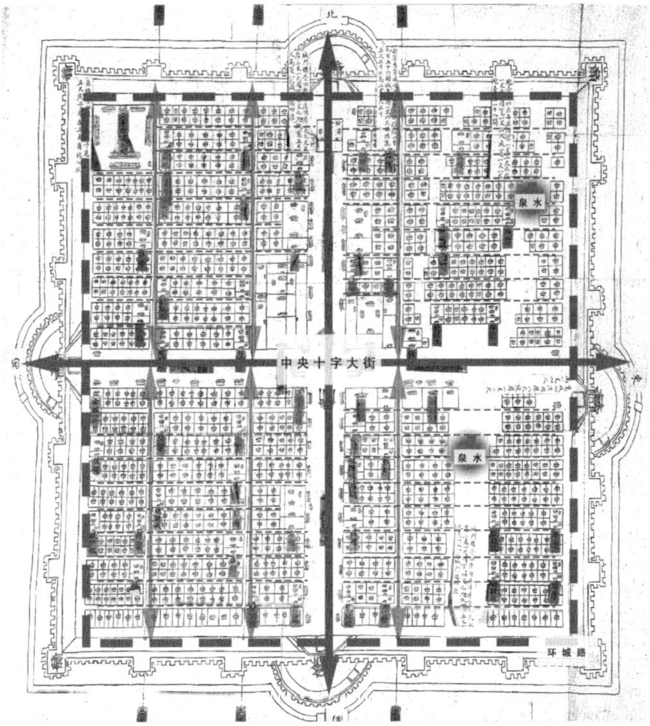

图 3-17　惠宁城路网示意

来源：在中国第一历史档案馆馆藏惠远城城图基础上绘制

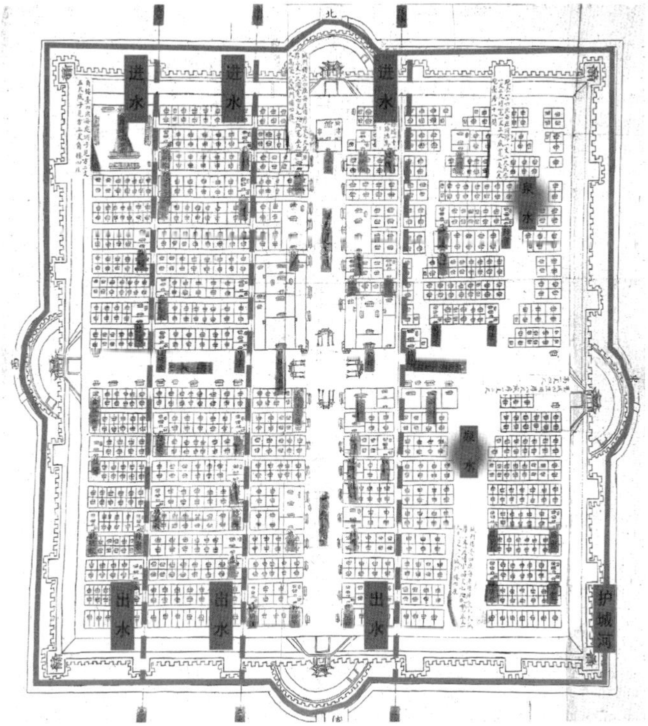

图 3-18　惠宁城水系示意

来源：在中国第一历史档案馆馆藏惠宁城城图基础上绘制

三、拱宸城形态特征

拱宸城城墙近似方形，周长约为 1 500 米，东、南、西三侧开城门，均有瓮城。四面城墙，每面设有两座马面，间距约为 90 米，马面上设有敌楼。北侧无城门，但也设有瓮城。城墙四角各有一角楼。

拱宸城城内空间结构与惠远城、惠宁城相同，以中央的东西、南北两条十字大街为分界线，将城内像“田”字一样分为四个空间。每部分地块的道路呈鱼骨形，以一条南北次街为中心，八条东西小巷平行排列（图 3-19）。南北小路宽一丈八尺（约为 5.8 米），东西小巷宽约一丈（约为 3.3 米）。

“城内分为四隅，除街道城根巷道不计外，以三丈八尺见方为一所，房屋地基共计得地基一千四百四十所，兵房去

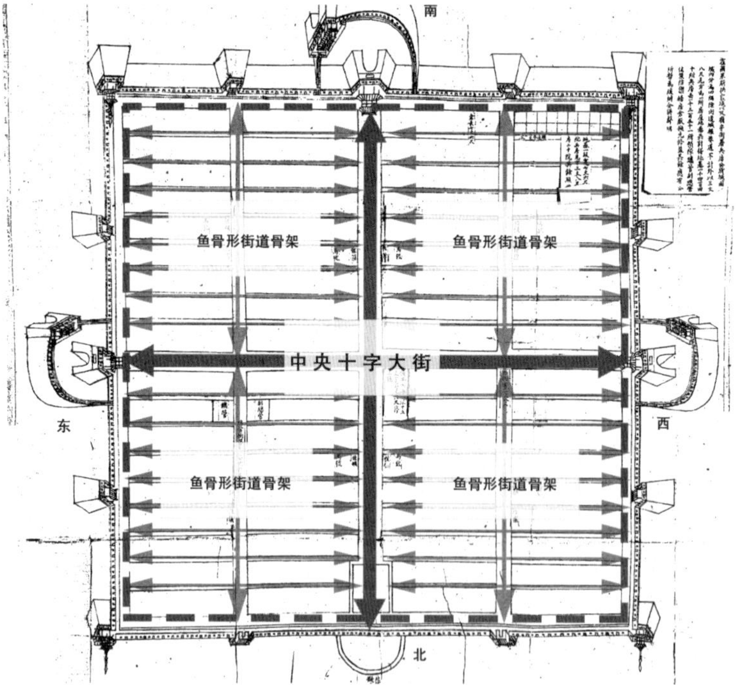

图 3-19 拱宸城平面
来源：在中国第一历史档案馆馆藏拱宸城城图基础上绘制

一千三百五十一所。”中央十字街道将拱宸城分为四部分，不计城根巷道，以 12.1 米见方为一所进行划分，共有 1 440 处基地，其中 1 350 处为兵房。兵房每块基地边长为 12.1 米，面积约为 146.4 平方米。

四、城镇周边形态特征及改筑情况

在伊犁九城中一些规模较小的城镇中，四周正方形的城墙上会在东、西、南面设置三座城门，而北面不设城门。首先是由于城镇规模较小，城门数量较少，可以降低设防压力。其次，伊犁九城主要沿塔勒奇山前东西向一字排开，南侧面向伊犁河，东西向交通线为主要的人员物资流线，因此常取消北门。最后，伊犁地区风沙很大，取消北门可以避免风沙直接吹入，创造出较好的城镇微气候。

伊犁九城是河谷地带的核心节点，每座城镇在区域范围内都占有较强的政治经济统辖地位，这些城镇也不仅限于城郭的具体形态，更多的则因屯田活动而拓展到广大的周边乡村地区，构成了突破城郭本身界线而展现势力影响范围的城镇形态。从乾隆四十四年（1779 年）起，兵屯主要为携眷的绿营兵，初期共计 2 500 名，分驻绥定、广仁、瞻德、拱宸、熙春、塔勒奇等六城[①]；分为 25 屯，每屯有兵 100 名，每名种地 20 亩，每座城外屯垦田亩总数为约 3 000 亩至 12 000 千亩不等，并且具备各自不同的灌溉水源和灌溉范围（表 3–5）。除上述六城的兵屯外，宁远城外主要为回屯[②]，惠远、惠宁城外还有旗屯[③]，同时还有一定数量的户屯。伊犁九城屯垦田

① 参见（清）《新疆识略・屯务》：“绿营自乾隆二十五年起，陆续由陕甘调拨绿营兵驻守开屯，按期更换，（乾隆）四十三年，将军伊勒图奏言伊犁种地，绿营兵丁俱由陕甘各标派拨，五年一换，派拨之际，应给制办银两不惟靡费，钱粮亦觉纷扰……旨允行，旋于（乾隆）四十四年，由陕甘各营移驻携眷官兵三千零九十八员名，建绥定、广仁、瞻德、拱宸、熙春、塔勒奇六城分驻”。“乾隆四十三年将军伊勒图奏准所调屯兵改为携眷，定额三千名，以五百名差操，二千五百名屯种，分为二十五屯，每屯兵百名，每名种地二十亩”。

② 参见（清）《新疆识略・屯务》：“种地回子六千户，分屯耕种于固勒札，建宁远城，设阿奇木伯克管辖，此回屯也。”

③ 参见（清）《新疆识略・屯务》：“惠远城东，伊犁河北岸，浚大渠一道，逶迤数十里，引用河水灌田，又于城西北觅得泉水设法疏浚筑堤岸开支渠，引溉旗屯地亩。”

亩的范围，勾勒出了因屯田活动而影响的城镇整体形态。这些城镇的基本城郭形态及其周边的屯田范围也构成了伊犁河谷军事设防、生产生活所必需的物质载体。

表 3-5 伊犁城镇的兵屯范围

城镇名称	所属绿营	兵屯人数	屯田亩数	屯田（灌溉）范围
绥定城	中营	500 名	10 000 余亩	屯田引用乌哈而里克山泉，及小芦草沟泉水
广仁城	左营	500 名	10 000 余亩	引用果子沟即塔勒奇沟泉水，龙口分水一支引溉屯地
瞻德城	右营	500 名	10 000 余亩	用大西沟泉水，自龙口分水一渠，另浚水泉一道，引溉屯地
塔勒奇城	塔勒奇营	150 名	3 000 余亩	果子沟泉水龙口分水一支引溉左营头屯地亩，余水流归塔勒奇屯
拱宸城	霍尔果斯营	600 名	12 000 余亩	引用霍尔果斯河水及滚坝沟泉水分溉，兼用索伦屯地余水灌溉
熙春城	巴彦岱营	250 名	5 000 余亩	引用开里沁沟泉水自龙口分水浚渠二道，引溉该营官屯地亩

来源：根据《新疆识略》编制

由于人口增加、水患等原因，对伊犁九城的城墙进行加筑、改筑的情况时有发生，这导致了伊犁九城不同的城郭形态（图 3-20）。如惠远老城由于建城之后人口不断增多而展筑东关："惠远城已三十余载，户口繁多，原立房间不敷居住，奏明于城东展筑二百四十丈共一里三分三厘有零。"[①] 又如惠宁城由于泉水对城墙的影响，拆去原有东城墙而向西接筑："（惠宁城）城东垣内外屡出水泉，城垣兵房多有倾圻，嘉庆十年将军松筠奏明向西移筑，将南东北三面水泉碱滩潮湿之地隔出旧有倾圻城墙四百六十丈，全行拆去……南北接旧有坚固城墙，向西各接筑一百九十五丈"[②]

① 参见（清）《新疆识略·伊犁舆图》。
② 同上。

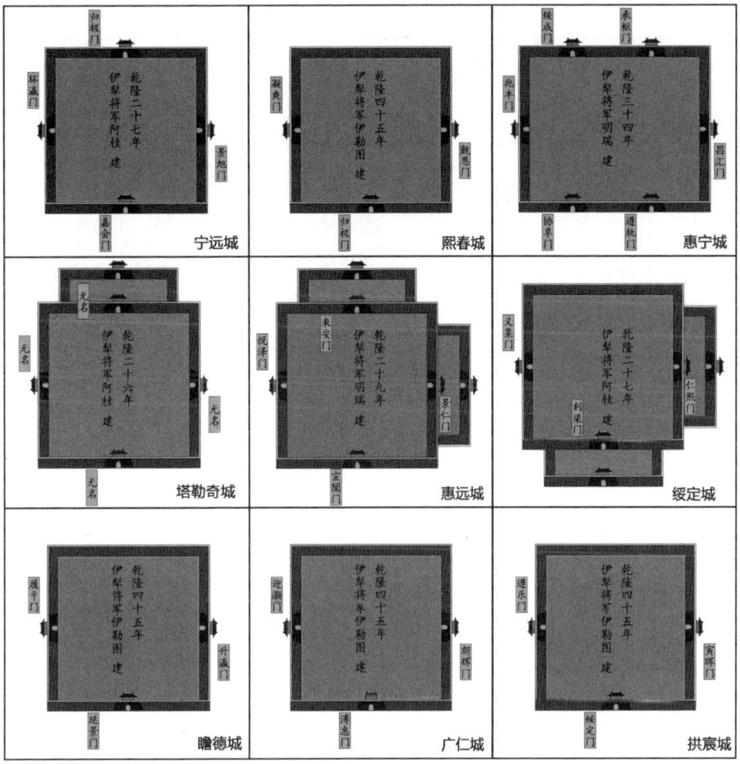

图 3-20　伊犁九城城镇形态示意

来源：根据《新疆识略 · 伊犁舆图》绘制

第四节　伊犁九城的规模容量

伊犁九城规模容量与驻军、屯兵的数量密切相关（表 3-6）。塔勒奇城是伊犁九城中最早建设的起过渡作用的小堡垒，建于乾隆二十六年（1761 年），起初作为满营官兵临时的驻所，后改为绿营军驻扎地，建筑类型较为单调，设有衙署、兵房、铺房、民居等，但随着人口的不断增加，城内越来越有生活气息，“塔勒奇有衙署，余以兵房，亦有铺房，因创造之初，仅属小堡，并非城郭，故至今规模狭隘不乏以壮观瞻，近复筑堡，其旁以为民及有眷人犯居住之，鸡相闻差，不落寞也”①。

① 参见（清）《新疆识略 · 伊犁舆图》。

表 3-6 伊犁九城建设规模①

城镇名称	城墙长度	城墙高度	人口数量	重要建筑
宁远城	四里七分	一丈六尺	6 477 户，家口约 20 765 人	阿奇木伯克、伊什罕伯克、粮员衙署，仓厫
熙春城	二里二分	一丈	官兵 450 人，家口约 2 060 人	都司、千把外委衙署，本营仓厫，军器库
惠宁城	六里三分	一丈四尺	官兵 2 211 人，家口约 13 000 人	领队大臣、协领等衙署，满营档房，佐领磨房，清书学、义学，仓厫，军器库
惠远城	九里三分	一丈四尺	官兵 4 802 人，家口约 22 000 人	将军、参赞大臣等衙署，清书学、义学等，宝伊钱局，军器局，养济院，文昌宫、关帝庙、城隍庙
塔勒奇城	一里五分六厘	一丈	官兵 307 人，家口约 1 400 人	守备、千把外委、粮员等衙署，仓厫，军器库
绥定城	四里三分	一丈七尺	官兵 920 人，家口约 4 200 人	总兵、游击、守备等衙署，仓厫，军器库
瞻德城	三里六分	一丈三尺	官兵 920 人，家口约 4 200 人	都司、守备、千把外委等衙署，本营仓厫，军器库
广仁城	三里六分	一丈三尺	官兵 920 人，家口约 4 200 人	游击、守备、千把外委等衙署，本营仓厫，军器库
拱宸城	三里七分	一丈七尺	官兵 1 070 人，家口约 4 900 人	参将、守备、千把外委、巡检等衙署，本营仓厫，军器库

乾隆二十七年（1762 年），绥定城建成后，将原驻扎在塔勒奇城的满营官兵迁至此处，惠远城建成后取代绥定城成为伊犁河谷最大的满城，绥定城遂成为绿营军屯驻地。绥定城内部衙署众多，有总兵、副将、参将、游击、都司、守备等衙署，以及仓厫、军器库和大量的官兵住房，早期绿营官兵实行轮换制，并不携带家眷，因此城内建筑密度并不大，空地较多，“绥定城东街系总兵衙署

① 参见《伊犁志略》《伊江汇览》《伊犁府志注释》等文献中根据乾隆三十年至四十四年（1765—1779 年）的兵丁、人口数据进行统计。

一所，旁为副将之署，参游都首（守）衙署皆分处各街，兵房虽多，然皆差兵居住，余各就其屯所，是以房间率空隙耳”[①]。

宁远城与绥定城几乎在同一时期建设，主要为回屯民众的居住地，设置有管辖回屯事务的伯克衙署、粮员衙署，以及大量类似阿以旺的生土民居，“宁远城系回户居住之处，虽有官署一所，今仅台吉（伯克）等住址平房、土屋无其雄丽矣”。

作为伊犁九城的中心城镇，惠远城是伊犁将军驻地，城内有满营驻扎，乾隆年间官兵有 4 800 余人，因为满营官兵是携眷驻扎，因此总人口达到了 42 000 余人，城内也遍布着众多与军事和日常生活相关的公共建筑（图 3–21）。首先是各类衙署众多，如将军衙署，参赞大臣衙署，各级管理旗务、民事的衙署，以及驻防伊犁地区的锡伯营、索伦营、察哈尔营、厄鲁特营等各营领队大臣衙署，还有类似其他城镇驻惠远城办事处性质的惠宁城领队大臣公署、绿营总兵公署等。主要的大型衙署公共建筑沿东西大街依次布置，佐领、防御、骁骑校较为均匀地散布在兵房之中。同时，为了便于八旗随营子弟学习，设置有清书学、义学、敬业官学等，还有一所为伊犁培养通晓俄语人才的俄罗斯学校。为军事需要设置有军器库、军器局、火药局等。为调节当地经济，设置有起银行作用的宝伊钱局。为满足民众信仰、祭祀需求，设置有火神庙、文昌宫、关帝庙、城隍庙、八蜡庙、刘猛将军庙、祠堂等。上述各类公共建筑使惠远城具备了丰富的城镇功能。

乾隆三十年（1765 年），清政府增加了满八旗在伊犁的屯兵，乾隆三十一年（1766 年）修筑惠宁城（图 3–22），驻扎满营官兵及其家眷，总人口达到 12 000 余人，其中官兵有 2 200 余人。与

① 摘自（清）格琫额：《伊江汇览》。

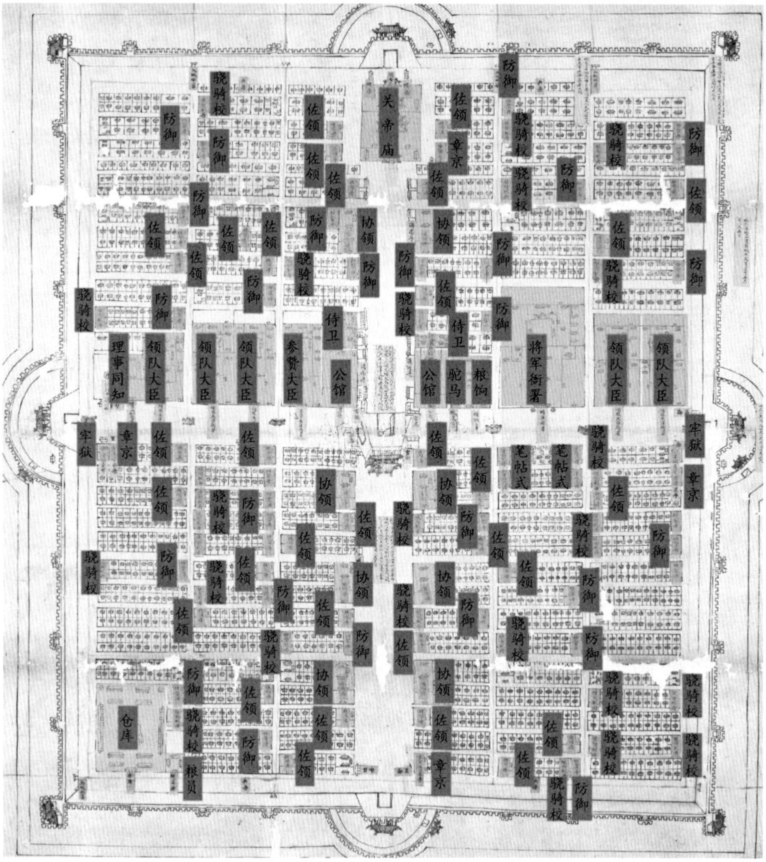

图 3-21 惠远城平面示意
来源：在中国第一历史档案馆馆藏惠远城城图基础上绘制

惠远城类似，设置有各类衙署、义学、公馆、军器库等。城北建一座关帝庙。西北角有“仓库一百五间”①。中央十字街道，东西、南北方向均设沿街铺面房，其中北侧有“铺面房七十七间”②、南侧有“铺面房一百间”③、东侧有“铺面房二十五间”④、西侧有“铺面房三十间”⑤。

乾隆四十三年（1778年），绿营兵效仿满八旗，携家眷常驻伊犁，伊犁城镇中仅绥定、塔勒奇两城驻扎绿营兵。遂于乾隆四十五年

① 引自惠远城城图标注，图片来源：中国第一历史档案馆。
② 同上。
③ 同上。
④ 同上。
⑤ 同上。

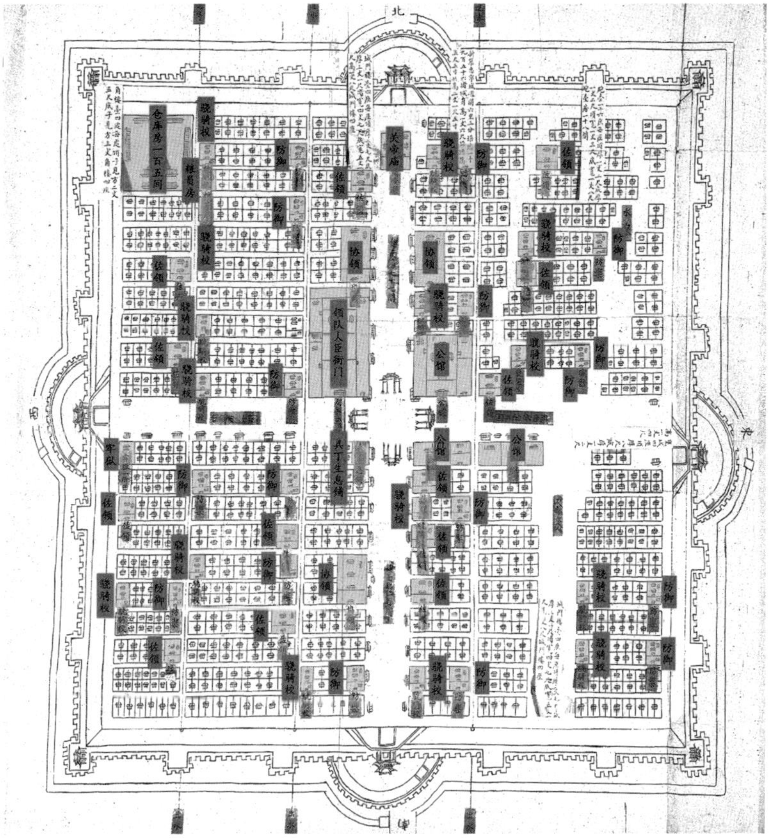

图 3–22 惠宁城平面示意
来源：在中国第一历史档案馆馆藏惠宁城城图基础上绘制

（1780 年）建广仁城、瞻德城、拱宸城、熙春城四城供绿营兵及其家属屯驻，建设初期与绥定城类似，除衙署、兵房之外的其他建筑类型较少。广仁城、瞻德城、拱宸城三城地处伊犁河谷西北部，可以有效地监防西部游牧部落的侵扰。

城镇内部的建设是按照一定次序分批进行的，“领队、总管、副总管、佐领、防御、档房、仓厫拟先修，其余应有公所暂为缓办”[1]。拱宸城（图 3–23）作为绿营军驻扎的防御性城市，因此先修筑军事处所，即领队、总管、副总管、佐领、防御等衙署，还有仓厫、马号以及住房。稍后再进行其他公所、庙宇等建筑的修筑。

① 引自拱宸城城图标注，图片来源：中国第一历史档案馆。

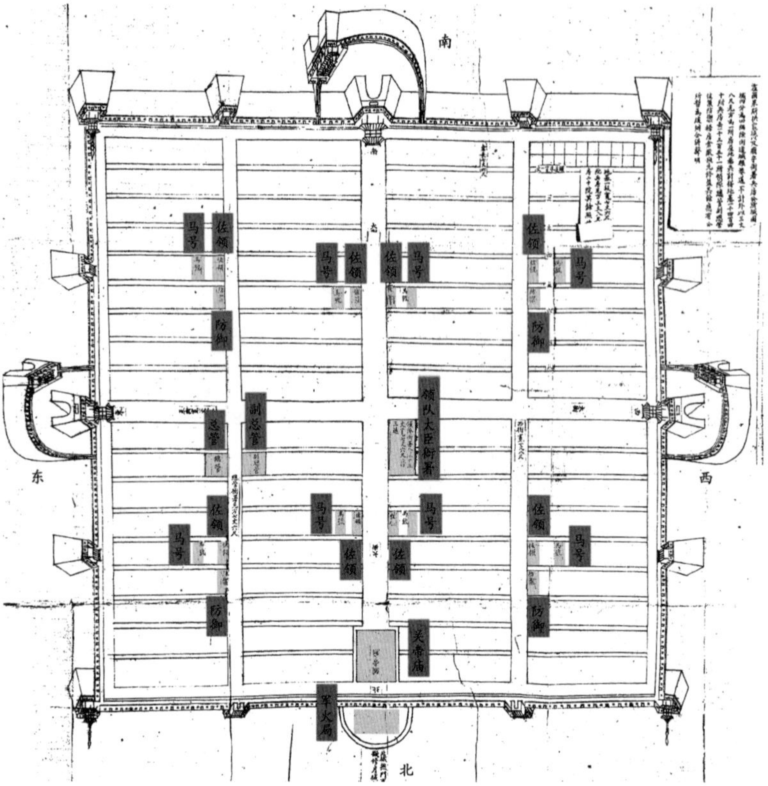

图 3-23 拱宸城平面示意
来源：在中国第一历史档案馆馆藏拱宸城城图基础上绘制

第五节　总结

伊犁地区的城镇建设在稳定西北边疆、巩固国防安全方面发挥了巨大作用。特别清代中期以伊犁九城为代表的一系列城镇建设，支撑起了数量庞大的驻扎官兵及其眷属，以及大量的回屯、兵屯、户屯人口，保证了他们在西陲边疆的生产和生活。军事城镇的基本形态和大面积的屯田开发，以及以驻扎官兵、屯垦民众为主体的人口构成和庞大规模，保证了西陲重地的长治久安[①]。

① 清代末期新疆建省后以府县制取代军府制，新疆的行政中心转至迪化（即今乌鲁木齐），伊犁将军专管伊犁和塔城两地的军事防御。以宁远城、绥定城为代表的伊犁城镇依然具有重要的军事、政治、经济职能。

第四章　多元民族构成及其建筑类型

伊犁河谷先后曾有塞人、月氏、乌孙、匈奴、柔然、回纥、突厥、蒙古等部落在此生活。清代乾隆年间平定准噶尔部和回部后，清政府在伊犁河谷进行了大规模的驻防屯垦，从全国多地、多个民族迁来大量的兵民驻扎于此，初步形成了现在伊犁河谷多元民族大杂居小聚居的人口分布特点。不同民族也形成了各自不同的民族建筑风格。与此同时，在伊犁河谷相同的自然环境及汉文化的影响下，建筑形式与营造做法具有相似性，最终形成了伊犁河谷区域多元统一的建筑景观。

第一节　伊犁河谷各民族迁徙屯垦情况

在秦汉时期，最早出现在史籍中，并已长期生活在伊犁河谷的民族是塞人，继而为月氏、乌孙、柔然。在公元前 60 年，西汉在乌垒城（轮台）建立西域都护府，驻军西域并管辖伊犁地区。6 世纪中叶，突厥击败柔然，伊犁河谷归属于突厥汗国。到了唐朝，唐高宗派苏定方西征，击败西突厥统一西域，唐朝的势力范围扩展到伊犁河谷，设立濛池都护府管辖伊犁。唐末突厥的葛逻禄部与生活在葱岭西部的回纥联合创建了喀喇汗王朝。12 世纪初，契丹贵族耶律大石带领辽军西迁至伊犁，建立西辽王朝。13世纪初，成吉思汗建立蒙古帝国，征服西域，将伊犁河谷地区分封给二儿子察合台，随后建立察合台汗国。15世纪初，来自漠北草原的瓦剌多次扰乱察合台汗国，15世纪末，瓦剌控制了伊犁河流域，成立卫拉特联盟。卫拉特联盟中的准噶尔部逐渐强大，占据统治地位，于是建立准噶尔汗国。清平定准噶尔部后，从南疆、东北、甘肃、中原等多地迁徙了不同民族的兵民前往伊犁屯驻，弥补边防空虚。

表4-1 清以前伊犁河谷主要民族（政权民族）历史沿革

时间	主要民族（政权民族）	人种（人类学属性）
公元前3世纪—前174年	塞人	欧罗巴人种
公元前174年—前161年	月氏	欧罗巴人种
公元前161年—公元402年	乌孙	欧罗巴人种
公元402年—567年	柔然	欧罗巴人种
公元567年—880年	突厥	蒙古利亚人种
公元880年—1132年	回纥	蒙古利亚人种
公元1132年—1219年	契丹	蒙古利亚人种
公元1219年—15世纪初	蒙古（察合台）	蒙古利亚人种
公元15世纪初—1755年	瓦剌	蒙古利亚人种
公元1755年—1911年	满族	蒙古利亚人种

来源：根据王进健《霍城史》编制

一、清代移民屯垦情况

伊犁河谷现存的传统建筑绝大部分建于清代，它们与当时多民族迁徙于此进行驻扎屯垦有着非常密切的关系。清乾隆年间平定准噶尔部，伊犁地区归入清朝版图后，土地广阔但人口稀少，且考虑到“伊犁及回部，非久成内地之巴里坤、哈密可比，即需驻兵屯田”[①]在伊犁进行驻兵。然而驻兵需要大量的粮食补给，伊犁河谷虽然游牧业发达，但农业基础较差。因此，清政府在伊犁实行了一系列屯垦政策，从其他地区迁徙人口，形成了多种屯垦形式。伊犁主要的迁徙人口来自绿营兵、南疆维吾尔族农民、内地百姓、八旗官兵以及流放犯人，不同类型的迁徙人口都有着相对应的屯垦形式。其主要有五种屯垦形式：兵屯、旗屯、户屯、回屯、犯屯。

1. 兵屯

“兵屯者，绿营兵丁之屯。”[②]兵屯是由绿营军进行耕作的一种屯垦形式。“乾隆二十五年，办事大臣阿桂奉旨自阿克苏带领绿营兵一百名至伊犁，垦辟屯田。是年，又调绿营兵九百名，共计一千名广为垦种。”[③]兵屯之初，绿营兵从阿克苏地区调遣至伊犁进行屯垦，“自乾隆二十五年起，陆续由陕甘调拨绿营兵驻守开屯，按期更换”[④]。伊犁地区的绿营军主要从陕甘两省派遣。乾隆三十四年（1769 年）“陆续由内地调屯兵至两千五百名，以五百名差操，两百名屯种”。乾隆四十三年（1778 年），驻扎在此的绿营兵“定额三千名，以五百名差操，二千五百名屯种，分为二十五屯，每屯兵百名，每名种地二十亩”[⑤]，抽调出百分之八十的士兵进行开垦和粮食生产，按编制进行军事化管理（图 4-1），由此可见清政府对屯垦的重视。到了乾隆四十七年（1782 年），伊犁将军伊勒图在上书的奏折中写道：

① 参见《清高宗实录》卷六一零。

② 参见（清）《新疆识略·屯务》卷六。

③ 同上。

④ 同上。

⑤ 同上。

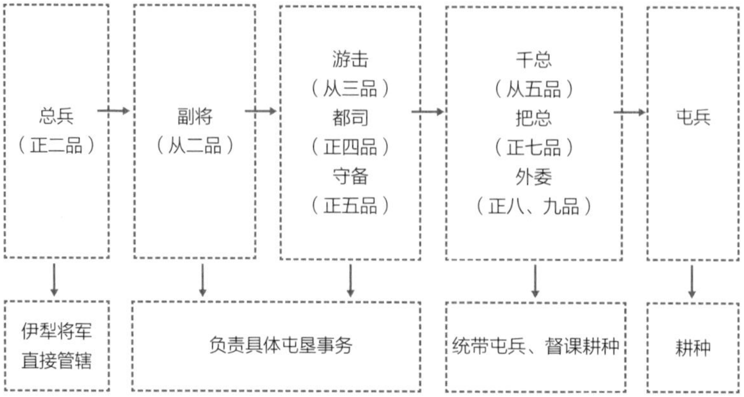

图 4-1 伊犁绿营军兵屯组织结构示意
来源：根据鲁靖康《清代伊犁屯垦研究》绘制

“从前因伊犁地方未有积储粮石，曾由屯田绿营兵三千名，内除各项差使五百名外，每年令二千五百名种地，纳粮数年以来，积储之粮现有五十万余石，足敷三年支放，每年绿营兵并民人回子等所交之粮，约可得十八万石，除年支放外，尚可余二万石，每年岁积储粮太多，以致霉变，似属无益，而兵丁等若不善为操练，亦属无益。请由屯田绿营二千五百名兵丁，内撤出一千名，令一千五百名种地，一千五百名操练技勇，如此每岁更换一半操练技勇，庶边疆驻扎兵丁技艺娴熟，而一半兵丁种地，每岁收获若丰，所得粮石即敷支放，倘遇稍歉之年，积粮既多，尽可无虞。”

由此可见，绿营兵在伊犁屯垦的这四年中，从以前的粮食“未有积储”，到“每年岁积储粮太多，以致霉变”，粮食储量取得了质的飞跃，兵屯效果显著。因此，在乾隆四十七年（1782 年），绿营军对屯垦与屯兵人数比例进行了合理的调整，从之前的 5∶1 改为 1∶1。此后，绿营军每年根据不同的粮食储存情况，对屯垦和操练的兵丁规模进行调整（表 4–2）。

表 4–2　兵屯规模统计

年代	屯兵人数	屯垦人数	主要来源地	屯点数	屯垦面积
乾隆二十六年（1761 年）	1 000	800	阿克苏、陕甘	8	16 000 千亩
乾隆三十四年（1769 年）	2 500	2 000	陕甘	20	40 000 千亩
乾隆四十三年（1778 年）	3 000	2 500	陕甘	25	50 000 千亩
乾隆四十七年（1782 年）	3 000	1 500	陕甘	15	30 000 千亩
乾隆五十四年（1789 年）	3 000	2 200	陕甘	22	30 000 千亩
嘉庆四年（1799 年）	3 000	1 800	陕甘	18	36 000 千亩
嘉庆九年（1804 年）	3 000	1 500	陕甘	15	30 000 千亩
嘉庆十四年（1809 年）	3 000	1 800	陕甘	18	36 000 千亩
嘉庆二十年（1815 年）	3 000	2 000	陕甘	20	40 000 千亩

来源：根据《新疆识略·屯务》编制

最初屯垦的绿营兵更换周期为三年，“三十四年陆续由内地增调屯兵至二千五百名，五年更替”，都是换防兵，“四十三年，将军伊勒图奏言伊犁种地，绿营兵丁俱由陕甘各标派拨，五年一换，派拨之际，应给制办银两不惟靡费，钱粮亦觉纷扰……旋于四十四年，由陕甘各营移驻携眷官兵三千零九十八员名，建绥定、广仁、瞻德、拱宸、熙春、塔勒奇六城分驻”①。乾隆四十三年（1778 年），绿营军改为携眷常驻。绿营军的民族构成为汉族和回族，他们主要驻扎在“伊犁九城”中的绥定城、塔勒奇城、熙春城、瞻德城、广仁城、拱宸城这六城之中。

2. 旗屯

旗屯是指在伊犁防驻的八旗官兵及家属进行农作的屯垦形式。

① 参见（清）《新疆识略·屯务》卷六。

乾隆二十七年（1762 年），清政府在伊犁建立军府制，八旗官兵在此驻扎近万人，他们是维护边疆安全的重要力量。清初，满蒙八旗是专职军人，不能从事其他行业，仅由国家供养。后来，随着八旗人口的增多，供养经费成为清政府一笔较大的开支。因此，乾隆末年清政府开始鼓励八旗官兵及家属进行旗屯，但屯垦人数所占的比重较小，只交给闲散兵丁耕种。伊犁地区的察哈尔营、索伦营、厄鲁特营、锡伯营以及满营陆续开展旗屯（表 4–3）。

表 4–3 伊犁河谷地区旗屯基本信息概况表

旗屯名	正式开屯时间	屯点	人数	屯垦规模	主要民族	分布区域
满营	嘉庆七年①（1802 年）	14 处	2 200 余人	12 万亩	满族	惠远城、宁远城附近
锡伯营	乾隆三十一年（1766 年）	8 处	1 018 人	按名授田	锡伯族	察布查尔等地
索伦营	乾隆二十九年（1764 年）	4 处	—	2 600 余亩	鄂温克族、达斡尔族	霍尔果斯河东西两侧
察哈尔营	乾隆二十九年（1764 年）	—	240 人	—	蒙古族	博尔塔拉河流域
厄鲁特营	乾隆三十年（1765 年）	20 处	—	3 200 亩	蒙古族	昭苏、特克斯

来源：根据鲁靖康《清代伊犁屯垦研究》编制

乾隆二十九年（1764 年）清政府在伊犁设置了察哈尔营和索伦营的旗屯，察哈尔营的主要民族构成为蒙古族，驻扎有 240 人，分布在博尔塔拉河流域。屯田组织以牛录②为单位，每年定额 16 名兵丁共同耕种。由于察哈尔营不擅长耕作，后改为在水源充沛的地方，派专职人讲授农耕技巧，慢慢解决了生计问题。索伦营屯

① 乾隆年间提出开设满营旗屯，直到嘉庆七年（1802 年）正式开始屯垦。
② 牛录的概念原出自打猎人员分配的过程中，原意指“箭”。早期满洲人出兵或打猎，按族党屯寨进行，在打猎时要临时组建打猎的小组，族党内每个成员出箭一支，十个人为一牛录，每个牛录内部选佐领一人，称为“牛录额真”，牛录便出自此。牛录制度是伴随着清朝的八旗制度的产生而产生的，规定每 300 人为一牛录，作为作战和生产组织单位。

垦规模不大，由鄂温克族和达斡尔族组成，设有四处屯点，主要分布在霍尔果斯河东西两岸。

乾隆三十年（1765年），厄鲁特营开屯，厄鲁特营是由原准噶尔部的蒙古族百姓组成，在特克斯河流域及昭苏盆地设有20处屯点。

锡伯营于乾隆三十一年（1766年）开屯，在察布查尔地区设有8处屯点。锡伯族在伊犁留有一段屯垦戍边史。乾隆二十八年（1763年），伊犁将军明瑞向朝廷上书："盛京驻兵共有一万六七千名，其中有锡伯兵四五千名，伊等未甚弃旧习，狩猎为生，技艺尚可。近几年出兵时，未曾遣派伊等。奴才等以为，于此项锡伯兵内拣其优良一同派来，亦可与黑龙江兵匹敌。"[①]他希望朝廷从盛京（沈阳）调锡伯官兵来伊犁驻兵。乾隆二十九年（1764年）从"盛京锡伯兵内，挑选一千名，携眷移驻伊犁"[②]。在军令和国家大局面前，锡伯兵民经过了一年多的艰苦跋涉，最终在乾隆三十年（1765年）抵达伊犁。

锡伯族迁至伊犁后，清政府考虑到锡伯族擅长农牧，以及防卫的要求，为西迁后的锡伯兵民寻找了合适的地方安置，"详勘适合安置锡伯兵之地，有伊犁河之南，惠远城对面之巴图蒙柯巴克，绰霍拜兴迤西，至豁吉格尔巴克一带天雨水足，冬夏两季砍柴游牧之地均不远，若是使锡伯兵驻此，非但于生计有利，与于地方形势、声势之连属亦有裨益遂定将伊等基于巴蒙克柯巴克一带依次安置逼其务农"[③]。乾隆三十一年（1766年），锡伯族在伊犁河南侧进行耕作，基本能够满足营内粮食需求。随着锡伯族人

① 中国第一历史档案馆馆藏奏折文字。

② 参见《清高宗实录》卷七零三。

③ 中国第一历史档案馆．锡伯族档案史料[M]．沈阳：辽宁民族出版社，1989：323-324.

口的增多，为了方便管理，按八旗制度设置有八个牛录（原有六个，后增至八个）（表 4–4），并从防御与耕作双重要求考虑八个牛录的选址，“根据地方形势，按牛录、宗族编设村落，令其永谋耕耘之利；轮班委派兵丁到牧场学习养畜之道；操练技艺等事宜”[①]。后来由于战略防御需求和察布查尔大渠的完工，除了第一牛录（乌珠牛录）和第三牛录（依拉齐牛录）外，其他牛录多次迁址，最终八个牛录较为均匀地分布在察布查尔大渠南北两侧（图 4–2）。

表 4–4 锡伯族牛录

汉语称谓	第一牛录	第二牛录	第三牛录	第四牛录	第五牛录	第六牛录	第七牛录	第八牛录
锡伯语称谓	乌珠牛录	寨牛录	依拉齐牛录	堆齐牛录	孙扎齐牛录	宁古齐牛录	纳达齐牛录	扎库齐牛录
旗颜色	镶黄旗	正黄旗	正白旗	正红旗	镶白旗	镶红旗	正蓝旗	镶蓝旗

来源：根据胡方艳《伊犁锡伯人社会生活研究》编制

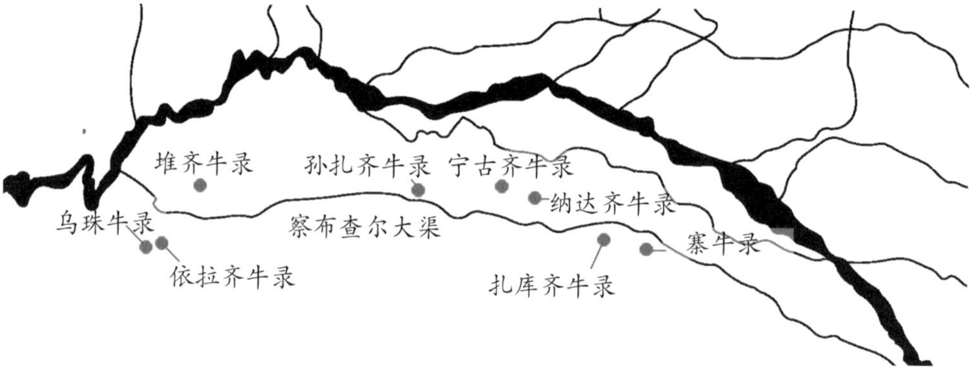

图 4–2 伊犁地区锡伯族牛录分布

满营正式开屯时间较晚。乾隆年间清政府提出满营屯垦，蒙满八旗在清初全部由国家供养，满营生活宽裕，因此不愿意降低身段从事耕种，但随着满营人口的增长，国家在供养兵丁上的负担加重，满营生计陷入困境。松筠任职伊犁将军时“由惠远、惠

① 中国第一历史档案馆．锡伯族档案史料 [M]. 沈阳：辽宁民族出版社，1989：376-377.

宁两满城，酌派闲散三百六十名，分地试种”[1]，在技术方面特地请教员来教种植，在物质方面提供耕畜及农具。伊犁地区满营有2 200余人，设有14处屯点。试种初见成效，“所有惠远城试种稻田，兹已收获四千余石，是稻田已有成效”，满营旗屯信心倍增，在伊犁河北岸兴修水渠，为耕种提供水利条件。嘉庆七年（1802年），在惠远城和惠宁城周边，正式开屯。“惠远、惠宁两满城，酌量开渠田畴日辟……于生计有益，但边防重务必须随时讲求，方足以资经久……如人力不敷，不能全种，准其佃人耕种，计亩收租。”[2] 由此可看出，满营兵丁以驻防为主、屯垦为辅，可以雇佣佃户帮其耕种，按亩进行收租。

3. 户屯

“户屯者，商民之屯也，创自乾隆二十八年。”[3] 户屯是指内地迁移的民户和商户在伊犁以“户”为单位进行耕种的屯垦形式，始于乾隆二十八年（1763年）。甘肃紧临新疆，土地相对贫瘠，民众较多，且有着“河西走廊”这一便利的通道，因此成为户屯人口的主要来源地。道光年间，伊犁水利有了巨大的发展，增添了许多可以耕种的土地，民屯的规模达到了新的高潮。户屯主要涵盖了四类人口，分别是民户、商户、遣犯为民落户、绿营军家眷落户（表4-5）。民族构成主要为汉族和回族，“绥定城屯镇中营屯田引用乌哈尔里克山泉并小芦草沟泉水…… 绥定城屯镇中营官屯地亩并城南户民地亩，水泉子一带满营五旗地亩及户民园地、旗下园地入惠远城街渠适用”“屯镇巴彦岱屯田在惠远城东南，该

① 参见（清）《新疆识略·屯务》卷六。

② 鲁靖康. 清代伊犁户屯的几个问题[J]. 西域研究，2011（1）：42-49.

③ 同上。

营官屯引用辟里沁沟泉水，自龙口分水濬渠二道，引溉该营地亩并惠宁城旗屯、民人园地”“阿里木图沟泉水在辟里沁之西，分引灌溉商户地亩并绥定城旗屯”，由此可知，户屯主要分布在绥定城周边及宁远城一带[①]。

表 4–5　清代户屯情况

年代	户屯组成	户屯规模	年纳粮数量	年纳银数目
乾隆四十一年（1776 年）	内地移民	52 417 亩	—	三千一百五十四两二钱九分
乾隆四十六年（1781 年）	内地移民、绿营军家眷	59 467 亩	—	—
嘉庆十年（1805 年）	内地的移民、绿营军家眷、遣犯落户为民	60 097 亩	五百石八升	三千一百九十九两余

来源：根据《新疆识略 · 屯务》编制

4. 回屯

天山南麓的维吾尔族人擅长农耕，在准噶尔统治伊犁时就曾迁移至此，为准噶尔部的贵族耕作，准噶尔人称呼他们为“塔兰奇人”，意思是“会种地的人”。后来由于常年战乱，伊犁地区的维吾尔族人逃亡殆尽。清政府在平定准噶尔部后，急需擅长种地的维吾尔族人回到伊犁屯垦。自乾隆二十五年（1760 年）至乾隆三十三年（1768 年），清政府曾先后十次，从天山南麓的阿克苏、叶尔羌、乌什、拜城、库车、赛里木、沙雅尔、和阗等地迁移维吾尔族人到伊犁屯垦（表 4–6、图 4–3）。

---

① 鲁靖康 . 清代伊犁户屯的几个问题 [J]. 西域研究，2011（1）：42-49.

表 4-6　乾隆二十五年至三十三年间维吾尔人迁至伊犁户数统计

时间	户数（户）	原居住地	资料来源
乾隆二十五年（1760 年）春	300	阿克苏、乌什、赛里木、拜城、库车、沙雅尔等城	《阿文成公年谱》卷一
乾隆二十六年（1761 年）春	500	阿克苏 160 户、乌什 120 户、拜城 13 户、库车 30 户、沙雅尔 13 户、多伦 150 户、赛里木 13 户	《清高宗实录》卷六一五
乾隆二十六年（1761 年）六月	200	阿克苏、乌什等城	《清高宗实录》卷六三九
乾隆二十七年（1762 年）二月	154	叶尔羌 130 户、和阗 24 户	《清高宗实录》卷六五四、卷六五八
乾隆二十七年（1762 年）四月	214	叶尔羌等城	
乾隆二十八年（1763 年）八月	200	乌什	《清高宗实录》卷六九三
乾隆二十八年（1763 年）十一月	1 500	阿克苏 270 户，乌什 200 户、喀什噶尔 300 户，叶尔羌和和阗 400 户，赛里木和拜城 130 户，库车和沙雅尔 150 户、哈喇沙尔和多伦 50 户	《清高宗实录》卷六九九
乾隆二十九年（1764 年）八月	500	叶尔羌、和阗	《清高宗实录》卷七一六
乾隆三十年（1765 年）二月	1 826	南疆各城 1 796 户，多伦 30 户	《平定准噶尔方略》续篇，卷二八
乾隆三十三年（1768 年）冬	350	叶尔羌、和阗	《清高宗实录》卷八零六

来源：赵海霞《清代新疆民族关系研究》

图 4-3 南疆地区维吾尔族人迁至伊犁示意

“种地回子六千户，分屯耕作于固勒扎，建惠宁城，设阿奇木伯克管辖此回屯也。”① 在伊犁回屯的维吾尔族百姓主要驻扎在宁远城、惠宁城一带耕作，由阿奇木伯克② 来管辖回屯事务。

5. 犯屯

犯屯是将流放的犯人迁移至伊犁地区进行农作的屯垦形式。“以新辟之土疆，佐中原之耕凿，又化凶顽之败类为务本之良民，一举而数善备”③，既可以增加伊犁的粮食产量，又可以改造遣犯习性。

遣犯分为刑事遣犯和政治遣犯，刑事遣犯均犯有危害社会安全和百姓生命的罪行，如土匪、杀人犯等；政治遣犯一般为不愿

① 参见（清）《新疆识略·屯务》卷六。
② 阿奇木伯克是清代新疆回部各伯克中官阶最高者，总管一城之回人事务。
③ 参见《清史稿·高宗本纪三》。

服从清政府统治而抗争的群众及家属。清朝中后期，社会矛盾日益显著，一些反清起义在各地频发，清政府将在镇压过程中抓获的人员作为政治遣犯发配伊犁。还有一些因为谏言以及各种莫须有的罪名被谪戍的官员，诸如林则徐、洪吉亮、徐松等“废员”，这些有识之士在伊犁期间对伊犁的屯垦发展出谋划策，做出了许多贡献。犯屯主要有两种形式，一种是和绿营兵一起屯垦，屯垦的区域和兵屯相同，在绥定城、塔勒奇城、熙春城、瞻德城、广仁城、拱宸城一带；另一种是单独设屯，多在矿场和渡口附近。

二、各民族在伊犁河谷的分布

伊犁河谷地区历史上各时期民族构成较为多元，至清代，伊犁地区施行驻防屯垦政策，不同地区、不同民族的兵民迁徙至此，进一步丰富了伊犁的民族构成。不同的民族对应着不同的屯垦方式，屯垦的位置相互区分，形成了伊犁河谷大杂居小聚居的民族分布情况。

汉族、回族是兵屯和户屯的主要力量，分布在绥定城、宁远城、塔勒奇城、熙春城、瞻德城、广仁城、拱宸城一带，即今天的霍城县、霍尔果斯市和伊宁市区域内。从南疆迁来的维吾尔族人，擅长耕种，在伊犁河谷回屯，主要分布在宁远城及附近地区，即今天的伊宁市。从盛京（沈阳）西迁至此的锡伯族，归属于旗屯的锡伯营，主要分布在察布查尔地区。满族主要驻扎在惠远城和惠宁城内，即今天的惠远古城周边及伊宁市巴彦岱周边。蒙古族在准噶尔汗国时期就在伊犁河谷生活，清朝时被编入八旗，在伊犁河谷旗屯，被划分到厄鲁特营和察哈尔营，主要分布在昭苏、特克斯以及博尔塔拉河流域。

其他民族如索伦营的鄂温克族、达斡尔族主要分布在拱宸城及霍尔果斯河东西两岸；哈萨克族是游牧民族，多集中在水草丰沛的山区，如昭苏、新源县周边等地（表 4–7、图 4–4）。

表 4–7　清代伊犁河谷地区主要民族分布

民族	屯垦方式	分布区域
汉族	兵屯、户屯	绥定城、宁远城、塔勒奇城、熙春城、瞻德城、广仁城、拱宸城一带（霍城县、霍尔果斯市以及伊宁市）
回族	兵屯、户屯	绥定城、宁远城、塔勒奇城、熙春城、瞻德城、广仁城、拱宸城一带（霍城县、霍尔果斯市以及伊宁市）
维吾尔族	回屯	宁远城（伊宁市）
锡伯族	旗屯（锡伯营）	察布查尔（察布查尔县）
蒙古族	旗屯（厄鲁特营、察哈尔营）	昭苏、特克斯以及博尔塔拉河流域
满族	旗屯（满营）	惠宁城、惠远城（惠远古城周边及伊宁市巴彦岱周边）
鄂温克族、达斡尔族	旗屯（索伦营）	拱宸城及霍尔果斯河东西两岸
哈萨克族	—	昭苏、新源县周边水草丰沛的山区

来源：根据鲁靖康《清代伊犁屯垦研究》编制

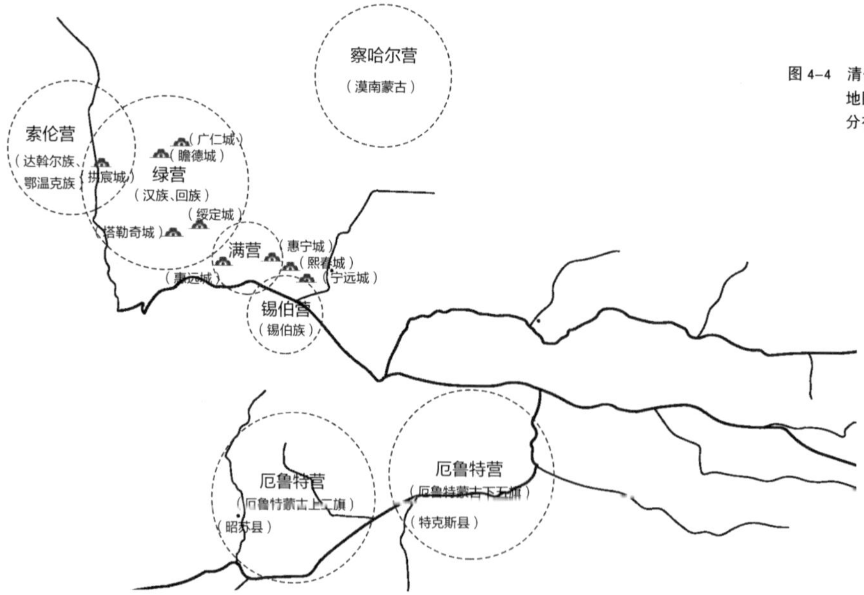

图 4–4　清代伊犁河谷地区主要民族分布示意

第二节 伊犁河谷多元民族建筑类型

一、维吾尔族建筑

1. 伊犁河谷维吾尔族发展概况

维吾尔族人是伊犁地区人口的重要组成部分，他们的祖先回纥人就曾在此建立过喀喇汗王朝。到了东察合台汗国时期，统治者秃黑鲁·帖木儿促使天山北麓十六万蒙古人皈依伊斯兰教，东察合台系的蒙古人逐步融入维吾尔族中，形成了近代维吾尔民族。维吾尔族人擅长农耕，主要居住在绿洲地区。准噶尔汗国时期，就曾从天山南麓迁来“塔兰奇人”（维吾尔人）为准噶尔贵族耕种。清朝平定伊犁后，清政府将从南疆迁至宁远城的大量维吾尔族人进行回屯。

2. 维吾尔族传统民居

伊宁市区的维吾尔族聚落自发形成，不规则的路网将地块分为不同的区域，在每个区域内，院房之间的路网朝向较为规则，一定区域内的房屋朝向一致（图 4–5）。一个街区的面积大约在 1 公顷至 3 公顷之间，每个街区有几十到上百户不等，每户占地面积约 350 平方米。

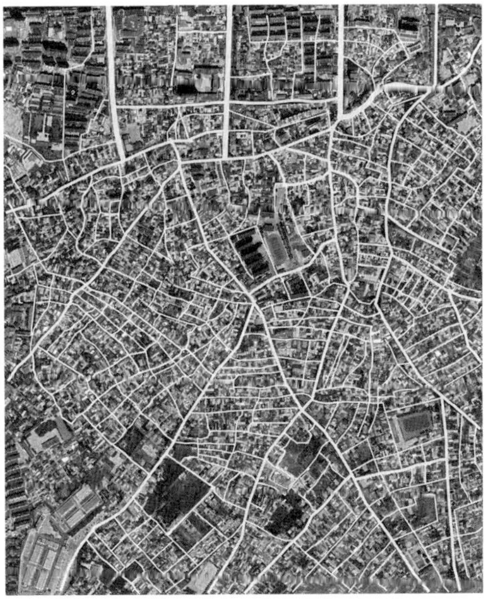

图 4–5 伊宁市南关维吾尔聚居区形态

维吾尔族民居按使用性质主要分为四个区域：基本生活区域、辅助用房区域、厨房和连廊。基本生活区域用房呈“一”字形排开，东西两个大房间中间夹着一个小房间，中间的小房间直接对院落开门，这种形式被维吾尔族人称为“沙拉依”。西侧的房间为客厅、主卧，东侧的房间为次卧，中间的小房间相当于一个起过渡作用的前室；辅助用房主要指储藏室和客房，也呈“一”字形排开，一般位于“沙拉依”的一侧；维吾尔族的厨房一般呈开放式，单独设立在院内；这些较为独立的功能用房通过连廊串联起来（图 4–6）。

3. 代表性公共建筑 —— 麻扎

维吾尔族人将“圣墓”称为“麻扎”，新疆地区的麻扎分布广泛（图 4–7），数量众多。伊犁现存的麻扎主要分为两种类型：第一类是具有中亚风格的砖石穹顶麻扎，如禿黑鲁·帖木儿麻扎、洪纳海麻扎等；第二类是中国传统木结构形式的麻扎，如歪思汗麻扎、墩买里麻扎等。

图 4–6 伊犁维吾尔族民居
来源：第一排：根据《新疆民居》改绘（左），https://baike.baidu.com/item/喀赞其民俗旅游区/13465882?fr=aladdin（右）；第二排：伊宁市都来提巴格街道https://mp.weixin.qq.com/s/oGXv-PyREO0ADKylmAxODQ（左、右）

图 4-7　新疆地区麻扎分布示意

• 秃黑鲁·帖木儿麻扎

秃黑鲁·帖木儿是东察合台汗国的开创者，1362 年死后葬于阿力麻里（今霍城县六十一团），1363 年建此麻扎（图 4-8）。秃黑鲁·帖木儿麻扎最初的形式来源于东伊朗类型结构中的一种，即“至少三面辟有拱门的方底穹隆顶”[①]。后来随着时间的推移、地点的变化，麻扎的平面类型、立面形式、穹顶类型、穹顶与方形平面的过渡方式等慢慢趋于定型（表 4-8）。秃黑鲁·帖木儿麻扎是典型的中亚伊斯兰建筑风格，与阿塔陵[②]相似，都有一面带有凹廊拱门，所在墙面檐口高于其他三面墙，带有穹顶，坐西朝东。

① 常青．西域文明与华夏建筑的变迁 [M]．长沙：湖南教育出版社，1992：132，160.

② 阿塔陵是一座伊斯兰教陵墓，建于 977—978 年，位于阿姆河中游泽拉夫善谷地。

图 4-8 秃黑鲁·帖木儿麻扎

表 4-8 11—14 世纪典型麻扎

时间	名称	示意图	平、立面形式	穹顶形式
10 世纪（中亚伊斯兰麻扎的转型期）	伊斯梅尔陵（907 年）		方底、四面皆有拱门	中亚椭圆券（穹顶下部周围有廊），突角拱类的抹角拱龛与西域传统的球面拱相结合
	阿塔陵（978 年）	 	方底、只有一面有凹廊的拱门，所在墙面檐口高于其他三面墙	双心圆尖券，穹顶下部增加鼓座，抹角拱龛

（续表）

时间	名称	示意图	平、立面形式	穹顶形式
12世纪（突厥列朝时期）	红陵（1148年）	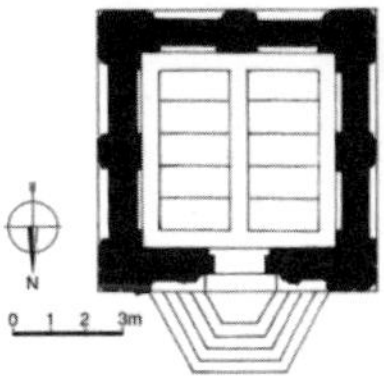	方底、入口处凹廊拱门、其他三面外墙各有两个盲券壁龛、用瓷砖饰面	双心圆尖券，八边形鼓座，每面皆开窗
	桑加汗陵（1157年）	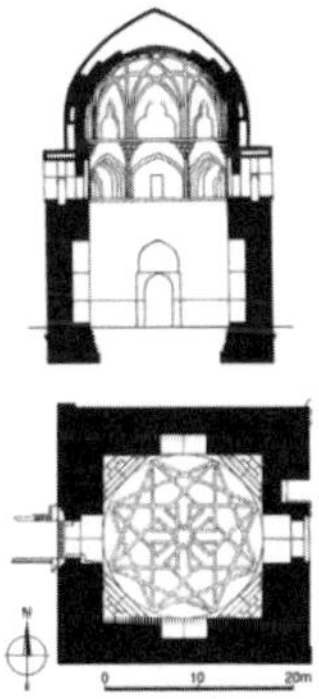	方底十字平面、前后两面设有拱门	四心圆尖券（穹顶下部周围有廊），鼓座、抹角拱龛
14世纪（察合台汗国时期）	奥尔杰图陵（1313年）	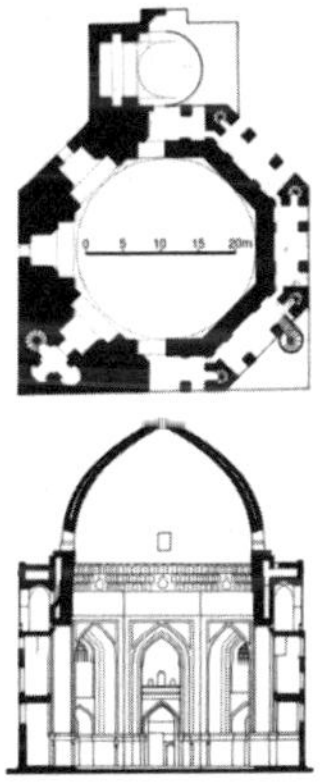	八边形平面、拱门所在的外墙呈直角，立面呈现五边形，嵌有蓝色瓷砖	四心圆尖券（穹顶下有回廊），鼓座、抹角拱龛
	秃黑鲁·帖木儿麻扎（1363年）	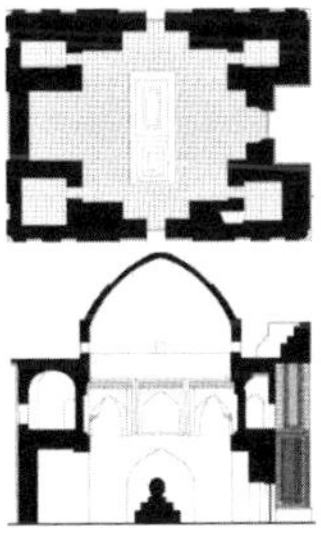	方底十字平面、只有一面有凹廊的拱门，所在墙面檐口高于其他三面	四心圆尖券（穹顶下有回廊），鼓座、抹角拱龛

来源：根据常青《西域文明与华夏建筑的变迁》、王瑞珠《世界建筑史·伊斯兰卷》编制

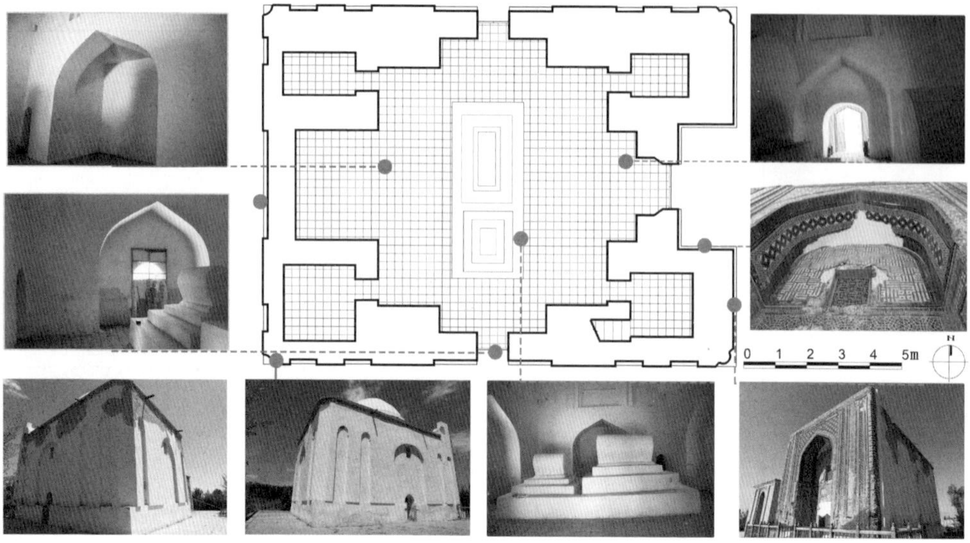

图 4-9 秃黑鲁·帖木儿麻扎平面及实景

秃黑鲁·帖木儿麻扎平面呈矩形(图4-9),是典型的“伊朗——突厥十字形”平面[①]。麻扎东西长约14.8米，南北宽约11米，正中放有砌筑的棺椁。东、南、北三侧开门洞，门洞处及西侧洞龛墙体均做尖券。一层的四个角部各有一个小圆券洞龛，大小不一，南侧洞龛内有一狭窄陡峭的砖砌楼梯，通往二层。

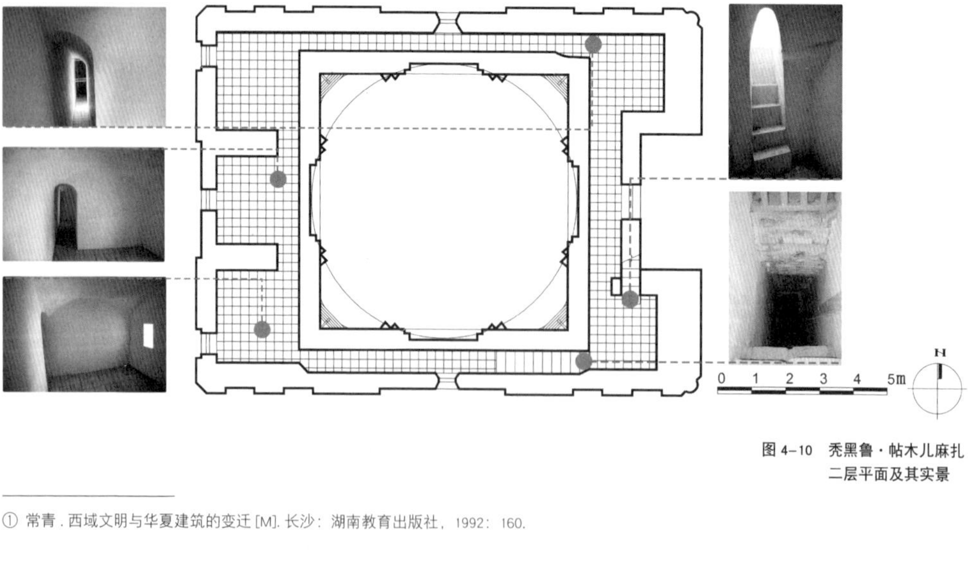

图 4-10 秃黑鲁·帖木儿麻扎二层平面及其实景

① 常青．西域文明与华夏建筑的变迁[M]. 长沙：湖南教育出版社，1992：160.

秃黑鲁·帖木儿麻扎的二层（图 4–10），是穹顶下方的一个回廊，廊道狭窄，仅东西两侧稍微宽阔。西侧空间较大，被分割成三块相对独立的区域，各开一小窗，东侧的南部有一处砖砌的不规则的小楼梯，十分狭窄，通往屋顶。

麻扎高约为 13 米，东立面作为主立面，装饰精美，整体分为三个部分，中间的凹廊和两侧的墙体。入口处做成非常高的尖券凹廊，凹廊深约为 1.8 米，东立面及凹廊全部用彩色釉砖和马赛克铺绘。以蓝绿色为主体色调打底，黑白两色跳色绘出纹样。纹样种类多样，左右对称，呈线性排列，重复纹样母题形成韵律。券廊内部上方有一个纹路精美的绿色矩形长窗，窗户正下方是一个顶部带有尖角的大门，通往室内（图 4–11）。

其他三个立面均涂有白灰，上下呈三段式，下段高约为 1.4 米，类似基座，略向外凸出；南北立面的中段，有一个大盲券，上部开有矩形长窗，窗下方开有一券洞门与室内连通，盲券两侧各有

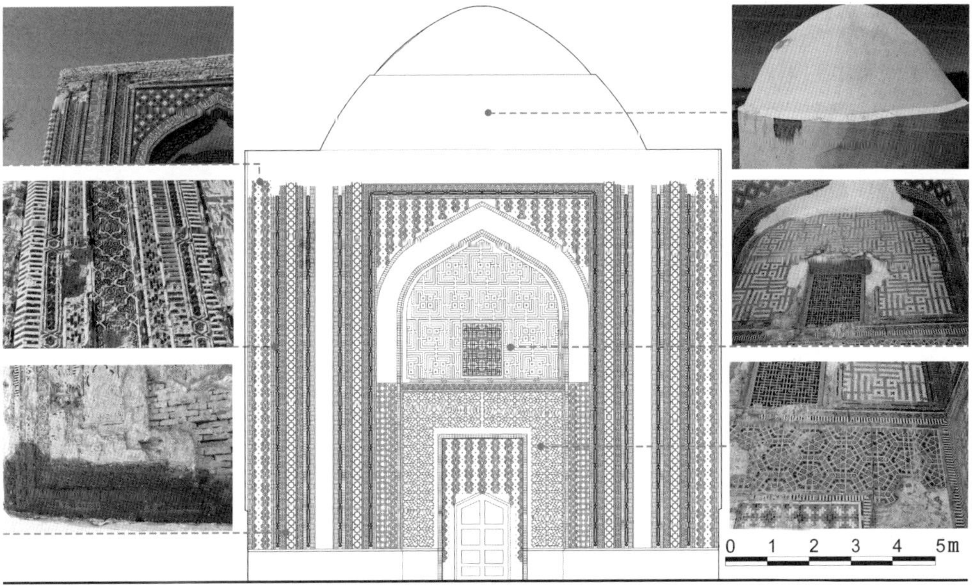

图 4–11　秃黑鲁·帖木儿麻扎东立面及局部纹样

图 4–12 秃黑鲁·帖木儿麻扎南立面

两个较为狭长的小盲券，五个盲券基本等高；西立面中间开有一个较大的盲券，两侧各有一个狭长的小盲券，三个盲券等高，无门，但每个券内均开有小窗；上段是白色的穹顶。东西立面与南立面的转角处进行了抹角处理，下部向内呈弧形凹陷，逐渐过渡到檐口处且变得平直（图 4–12）。

秃黑鲁·帖木儿麻扎穹顶直径约为 7.5 米，距离地面高约为 13 米，采用的是四圆心发券，有着较为明显的圆弧形拱腰和尖券拱冠。这种发券形式在设计上较为灵活，拱腰的券心在发券分界线上，可以左右平移调整，拱冠的两个圆心在发券分界线正下方，可以上下调整，让发券空间高低在合理的范围内[①]。秃黑鲁·帖木儿麻扎穹顶上开有四扇小窗。二层围廊的作用类似哥特建筑的飞扶壁，抵挡穹顶的侧推力。穹隅处采用五层砖叠涩出挑的抹角拱龛作为方形平面与圆形平面的过渡。秃黑鲁·帖木儿麻扎穹隅处的叠涩抹角与倚柱相结合，可以将底部的方形平面转化为八边形，除穹隅外的每个面都设有盲龛。八边形上再做抹角，进一步转换

① 常青．西域文明与华夏建筑的变迁 [M]. 长沙：湖南教育出版社，1992：161-162.

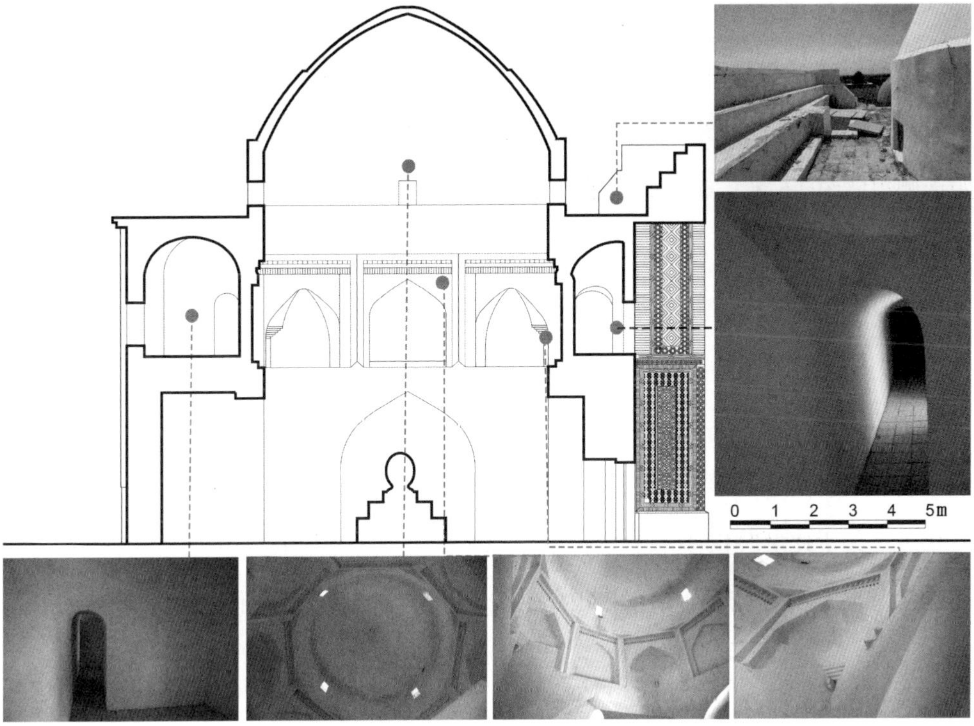

图 4-13 秃黑鲁·帖木儿麻扎穹顶及实景

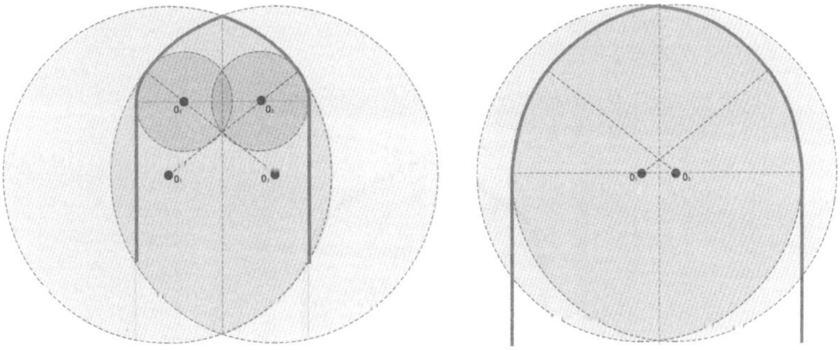

图 4-14 尖券示意（四心圆尖券（左）、双心圆尖券（右））

为十六边形平面，其上支撑鼓座，鼓座上定着穹顶（图 4-13）。

秃黑鲁·帖木儿麻扎的券龛做法主要有两种，一种是四心圆尖券，另一种是双心圆尖券（4-14）。双心圆尖券用在南、北、西立面狭长的盲龛上，其他的盲龛及穹顶均采用四心圆尖券。

其中最具代表性的拱券门廊采用四心圆券（4–15）做法，券廊呈中心对称，每侧由两个圆弧拼接而成。靠近下部转折处的圆弧较小，半径约为 1.1 米，小圆弧圆心 O_2 距地面高约为 6.45 米，距南侧边墙约 4.6 米；靠上的圆弧较大，半径约为 7.8 米，圆心 O_1 距地面高约为 0.58 米，距北侧边墙约为 3.3 米。两圆弧相交处即为两圆弧所在圆的内切点，该点与两圆弧圆心的连线呈一条直线。其中较小圆弧的圆心处于弧线与直线转折处的水平线上，发券较为平缓。

秃黑鲁·帖木儿麻扎南侧有一个形制和它相似的小麻扎（图 4–16），关于此麻扎的主人众说纷纭，现无法考证。小麻扎外立面涂有黄泥，没有贴瓷砖，泥中混杂着麦秸秆，加强泥土之间的

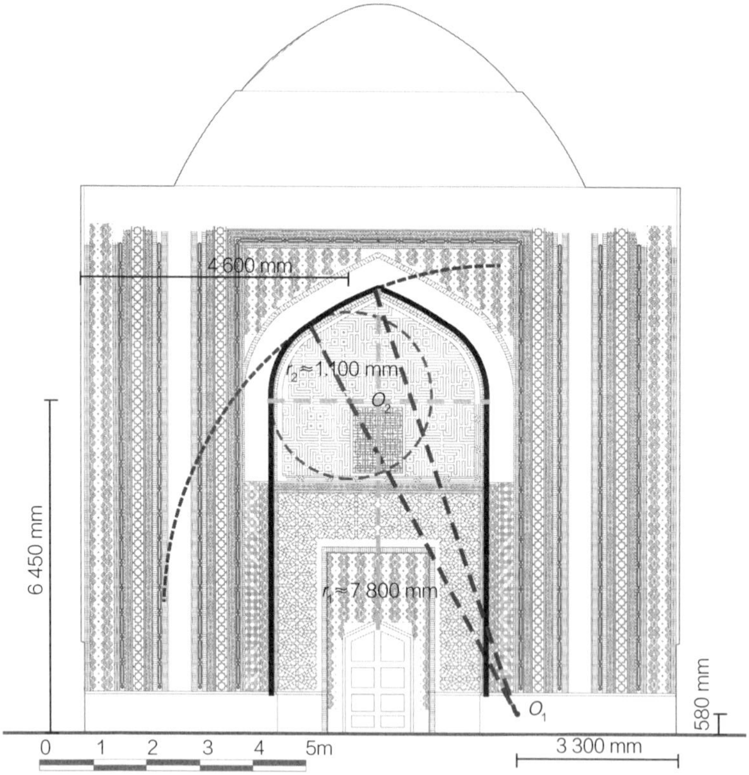

图 4–15　秃黑鲁·帖木儿麻扎东立面券廊四圆心券

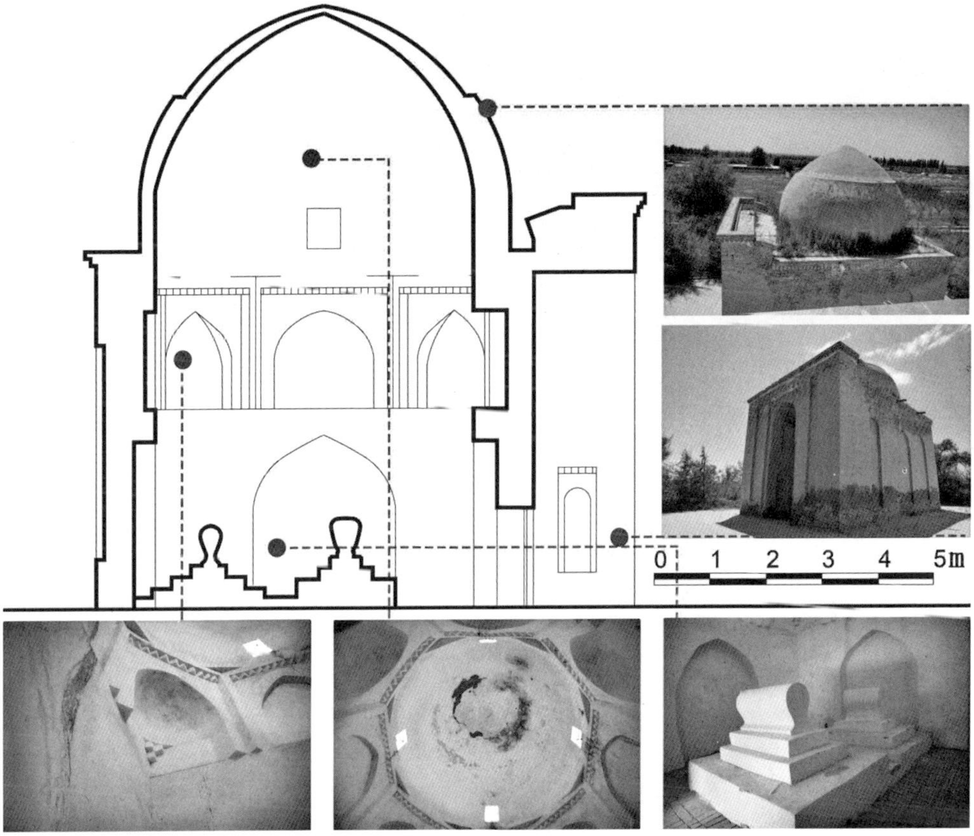

图 4-16　小麻扎东西剖面

拉结力，防止脱落。东立面墙体高于其他三个面，带有凹廊。内部无二层回廊，穹顶做法与秃黑鲁·帖木儿麻扎基本一致，穹隅抹角处采用三个方块叠涩出挑，与秃黑鲁·帖木儿麻扎的穹隅抹角形式不相同。

- **速檀·歪思汗麻扎**

速檀·歪思汗是东察合台汗国的一位汗王，1418 年举众由吉木萨尔境内的别失八里西迁，将东察合台汗国的都城定在亦力把里城。1428 年，歪思汗被安葬于博尔博松河畔。清光绪二年（1876 年），在今天的伊宁县麻扎乡协合买里村重建其麻扎（图 4-17 至图 4-18），从内地请来工匠进行建造。1985 年，麻扎第二层到第

图 4-17 速檀·歪思汗麻扎

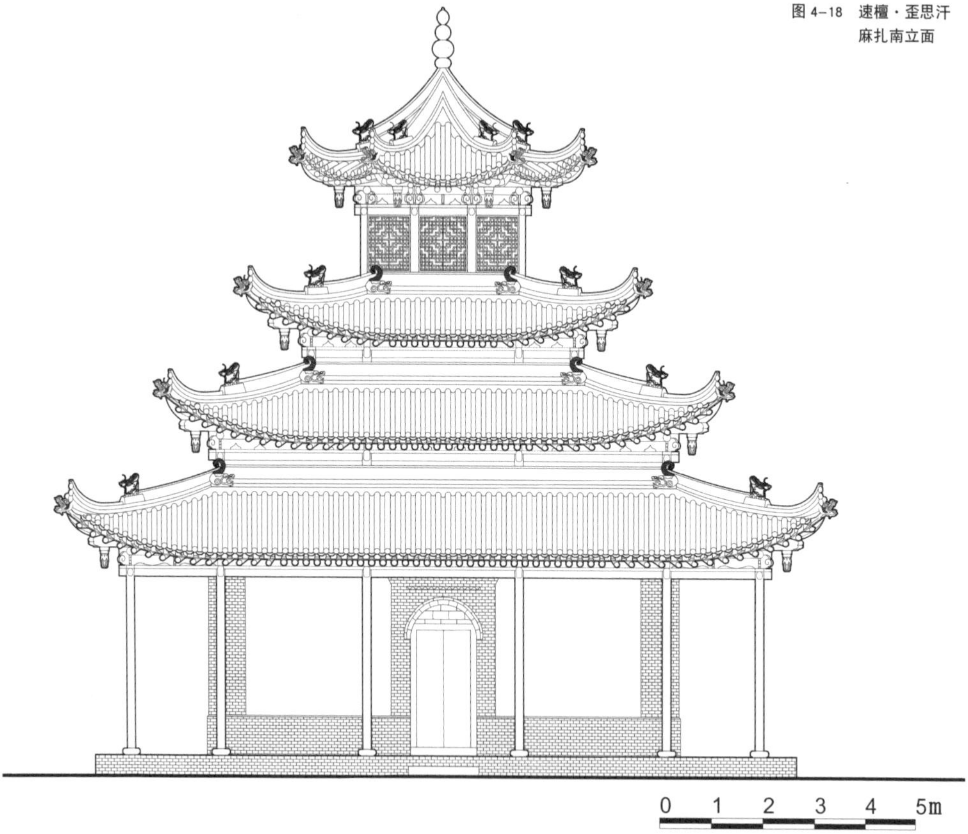

图 4-18 速檀·歪思汗麻扎南立面

四层木结构塌落，于1994年由陕西工匠维修完成，恢复原有形态。

速檀·歪思汗麻扎是一个四重檐八角攒尖顶建筑，下三层为方形屋面，最上层为八边形，攒尖上安有宝顶。麻扎平面（图4–19）呈方形，周围建有一圈围廊，廊柱细长，面阔三开间（不算围廊），进深三开间（不算围廊），内部均匀地分布着4根高大粗硕的金柱，正中放置砖石砌成的棺椁。

重檐建筑最早见于文献《立即·明堂位》，“太庙，天子明堂……山节藻兑，复庙重檐，刮楹达乡”，由此可见重檐是高等级建筑的一种装饰形态。重檐建筑的外观与楼阁建筑相似，但不像楼阁那样具有可上人的空间。重檐建筑在外形上体现出建筑使用者的威仪，通高的内部空间又让人感受到旷然肃穆的氛围。歪思汗麻扎外部形象高大，内部空间层层升高，威严与肃穆合二为一。

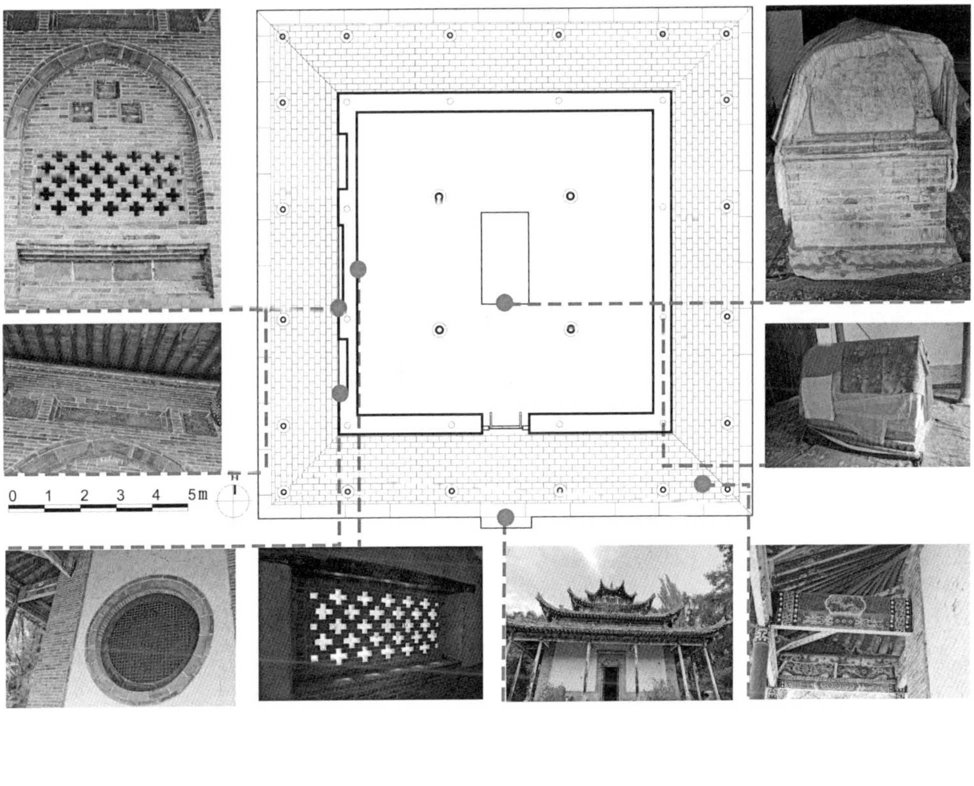

图4–19　速檀·歪思汗麻扎平面

速檀·歪思汗麻扎平面共有26根柱子，内外形成三圈柱网。外围20根较细的廊柱支撑起麻扎的第一重屋檐；12根老檐柱向上延伸直达二重屋檐，充当本层屋檐的檐柱；最内侧的4根金柱，每个上方各承载着一个类似抹角梁的翅托，翅托的两端均衡地承受着来自第二重屋檐承椽枋传递下来的荷载。金柱位于翅托的中心，结构体系类似“天秤”，利用杠杆原理保持受力平衡，二重檐的承椽枋两两分别插入四根垂莲柱，这四根垂莲柱通过抹角梁的杠杆作用支撑起了三重屋檐，充当第三重屋檐的檐柱；第三重檐与第二重檐的做法相同；第四重屋檐的平面形式与下面的三重檐的方形平面不同，通过抹角梁，将四边形平面转变为八边形，抹角梁上立有8根童柱，支撑起八角攒尖顶。

第二重屋檐和第三重屋檐的承椽枋受力结构相同，末端均插入垂莲柱，每一重屋檐的角梁也插入垂莲柱，使得来自45°老角梁的荷载、两个相互垂直承椽枋的荷载，三者受力在同一点上，可相互抵消。除此之外，每个老角梁的下部都有一个抹角梁对其进行支撑，利用杠杆原理让老角梁、垂莲柱、承椽枋之间达到受力平衡，从而维系了整个屋面结构的稳定（图4–20）。

速檀·歪思汗麻扎四个立面形态基本相同，即“卧砖十字缝”形式的砖砌下碱。北、东立面墙体采用“软心四角硬”的做法，靠近转角处的外墙用砖砌筑，砌筑方式与下碱相同，内心白色抹灰，上檐口砌筑“菱角砖”。墙体内对应柱子的地方，在下碱处留有“透风”，让墙内的柱子可以接触到外界空气，防止糟朽。南立面和东北立面整体做法相似，但开有一个小门，小门周边用砖围砌，门上发有圆券。西立面形式较为特殊，正中有一个砖砌的双圆心尖券，尖券两侧各有一个类似寺庙山门的圆形盲窗。尖券下

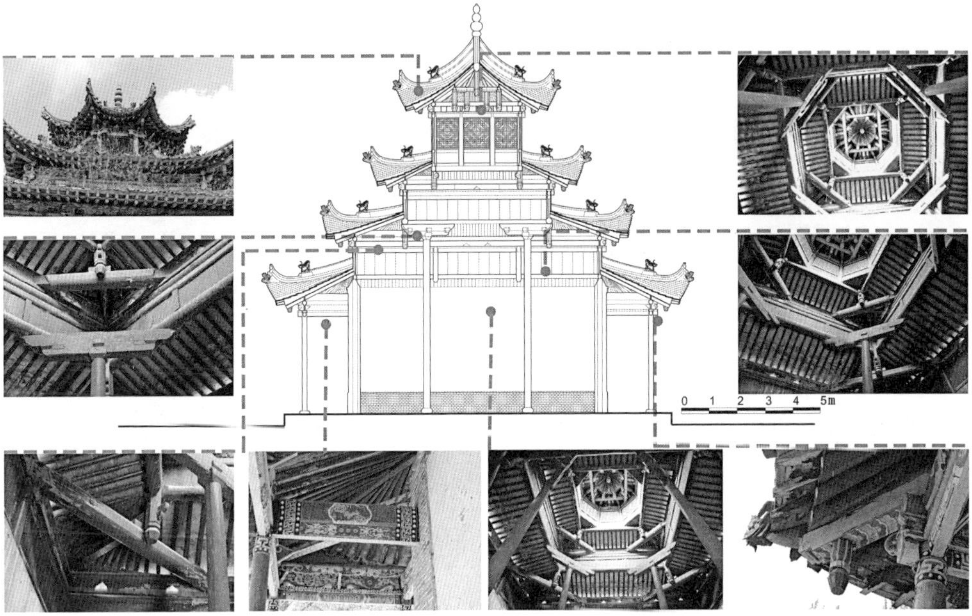

图 4-20　速檀·歪思汗麻扎内部梁架空间结构

方至下碱的位置类似神龛一样向内凹进，对应下碱的位置做成须弥座样式。龛内尖券下方有三个内凹的小方龛，呈“品”字形排列。方龛与下碱之间的墙体做成十字形的“灯笼砖”，和室内相通，此处也是除门之外，墙体上唯一透光的地方（图 4-21）。在室内向西望去，透过点点光亮，营造出神秘圣洁的氛围。

图 4-21　速檀·歪思汗麻扎西立面券龛及室内西墙效果

二、蒙古族建筑

1. 伊犁河谷蒙古族发展概况

成吉思汗在 13 世纪初统一了蒙古诸部，建立了蒙古帝国，将包括伊犁河谷在内的西辽故地分封给了次子察合台，其后代在此基础上创建了察合台汗国。15 世纪末，蒙古族的一个分支瓦剌占领了伊犁河谷，建立卫拉特联盟。17 世纪中期，卫拉特联盟的准噶尔部逐渐强大，建立了准噶尔汗国，伊犁河谷在其控制范围内。清朝平定准噶尔部后，以“佛教柔顺蒙古”为名，大力发展藏传佛教，使其在新疆的伊犁、吉木萨尔、塔城、博尔塔拉、阿拉泰、高昌、焉耆、伊吾等地全面发展起来[①]，现存的藏传佛教寺庙主要集中在天山北麓地区（图 4–22）。

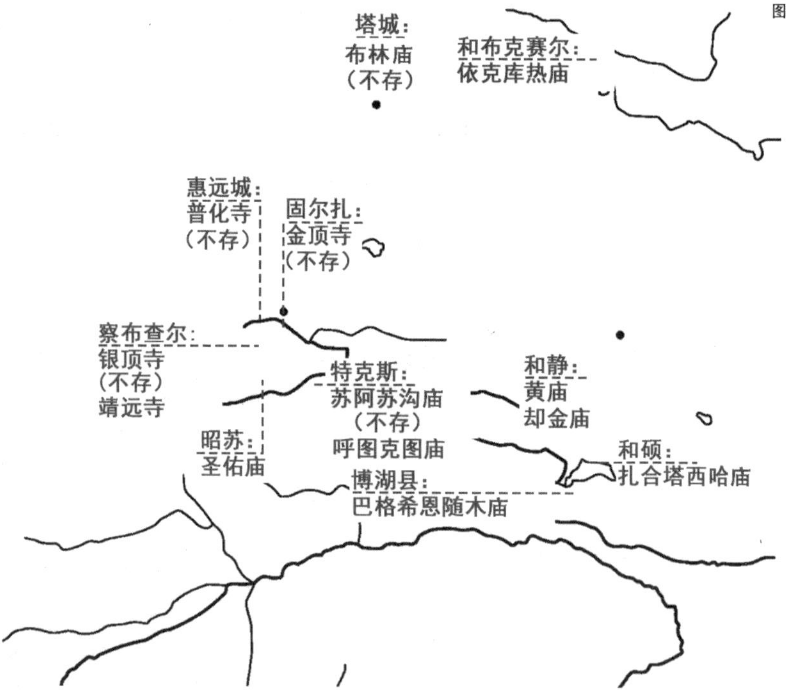

图 4–22　新疆藏传佛教寺庙分布示意

① 董西彩．新疆佛教与文化 [J]. 北京：中国民族博览，2015 (8)：171-172.

图 4–23　毡帐示意
来源：陈震东《新疆民居》

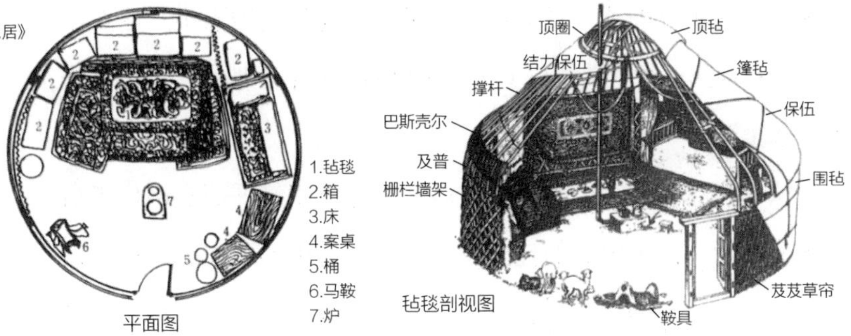

2. 蒙古族传统民居

蒙古族主要的民居形式可分为两种，一种是可以拆卸移动的“毡帐”，另一种是固定性住房。蒙古族传统民居中最具代表性的“毡帐”（图 4–23）又称为“穹庐”“蒙古包”。蒙古人擅长游牧，逐水草而居，居住位置经常变动。毡帐轻便、搬运方便的特点满足了游牧民族对住所的需求。毡帐平面呈圆形，整体布局较为单一，但适应性强①。

3. 代表性公共建筑 —— 圣佑庙

蒙古族藏传佛教建筑风格主要分为藏式、汉式以及汉藏结合式三种类型。从建筑群布局上看，藏式建筑风格主要定型于格鲁派盛行时期，西藏地区山地较多，藏式佛教建筑布局自由，整体上没有严格的轴线限制。当寺庙建在山麓上时，为了凸显主体建筑高大的体量，常将其建造在地势较高的地方，统揽全局，在地势低的位置建造体量较小的附属建筑，突出主体建筑；当寺庙受到地形或人为因素限制时，会分区域形成多个主次有序的建筑群组。汉式风格的藏传佛教寺庙采用“伽蓝七堂”的平面布局模式，强调轴线的重要性，主要建筑按照一定的次序在轴线上依次排布，

① 陈震东 . 新疆民居 [M]. 北京：中国建筑工业出版社，2009：33.

与附属用房组合形成多进院落，满足日常礼佛使用需求。汉藏结合式具有轴线，多在“伽蓝七堂”布局的基础上，加入一些藏传佛教建筑元素。

从单体建筑特征上看，藏式风格的经堂建筑平面多由位于最前侧的门廊、位于中心的经堂及位于后部的佛殿三大分区组合而成，常有一圈外廊，作为转经道，供信徒进行“右旋礼佛”。立面外墙的体量感极重，墙体下大上小，收分明显，墙体多采用砖、土、石等较为厚重的材料，窗洞很小，四周的窗框涂成黑色，檐口装饰有“六字真言”等佛教纹饰，多采用藏式平屋顶，四周设有女儿墙；汉式风格的经堂因受到汉文化的影响，往往以汉地抬梁式木构架殿堂建筑为模板进行建造，平面上副阶周匝，设有转经道，立面上与汉式木结构建筑无明显区别；汉藏结合式建筑整体形体主要表现为在藏式屋身基础上加入汉式坡屋顶，立面则在藏式佛教建筑“两实夹一虚”的基础上，采用汉式门楼（表 4–9）。

表 4–9　蒙古族藏传佛教建筑造型示意

风格类型	建筑名称	图片
藏式	五当召	
汉式	席力图召	

（续表）

风格类型	建筑名称	图片
汉藏结合式	乌素图召	
	美岱召	

来源：根据张鹏举《内蒙古地域藏传佛教建筑形态研究》编制

不同类型的蒙古族藏传佛教建筑虽然在表现形式上差别较大，但它们都具有相同的空间原型——都纲法式。都纲法式是曼荼罗图示在藏传佛教中的运用，具有很强的向心性，是经堂常用的空间处理手法。平面多为方形，呈“回”字形排列柱网，在中心位置的空间向上拔高，多为一二层通高的空间，象征着曼荼罗中的“须弥山”，二层平面围绕通高空间形成“回”字形的廊道空间。清政府平定伊犁后，在伊犁河谷进行旗屯，其中厄鲁特营主要由原准噶尔人构成，分布在昭苏和特克斯等地，圣佑庙的修建满足了厄鲁特营的宗教需求[①]。

芬兰探险家马达汉于 1907 年在伊犁河谷进行考察，他在《马

① 胡方艳.伊犁河谷藏传佛教寺院考察：以新疆伊犁哈萨克自治州昭苏县圣祐寺为中心[J].世界宗教研究，2013（4）：39-50.

达汉西域考察日记：1906—1908》中记载，圣佑庙“是十年前卡尔梅克人集资建造的。听住持说，原有的古寺叫素摩寺，三十年前被俄国科尔帕科夫斯基将军烧毁了”[②]。大殿的正脊檩上也有“光绪二十四年五月吉日建修”（1898 年）的题记（图 4-24）。更难能可贵的是澳大利亚探险家莫理循在考察伊犁时，拍摄了关于圣佑庙的宝贵资料，当时圣佑庙的形制与现在不同，一层周边并无外廊（图 4-25）。现存的圣佑庙推测是 1929 年修缮后的形制（表 4-10）。

图 4-24　圣佑庙大殿脊檩

图 4-25　1910 年圣佑庙大殿
来源：莫理循摄

② 马达汉．马达汉西域考察日记：1906—1908 [M]. 王家骥，译．北京：中国民族摄影艺术出版社，2004：171.

表 4–10　昭苏圣佑庙历史沿革

时间	建造地点	状况	备注
嘉庆十三年（1808 年）左右	格登山以北的苏木拜河流域	始建	又称为“阿力奔庙”或“阿勒温庙”
同治三年（1864 年）	格登山以北的苏木拜河流域	毁于战火	俄国中将捷连季耶夫在《征服中亚史》中记载：“1864 年 12 月初，多金人、谢基兹萨连人和萨雷巴格希人将苏木拜的佛教寺院抢劫一空，该寺院位于注入特克斯河的苏木拜河上。其庙宇及禅房均被烧毁。”
光绪十年（1884 年）至光绪二十四年（1898 年）	昭苏	重建	由厄鲁特营上三旗的百姓集资，耗银十万两，从北京请来建筑名师李照福等匠人修建而成
1929 年	昭苏	修缮	—
1978 至 1981 年	昭苏	修缮	拨款委派承德地区的工匠进行维修

来源：根据胡方艳《伊犁河谷藏传佛教寺院考察　以新疆伊犁哈萨克自治州昭苏县圣祐寺为中心》编制

圣佑庙建筑群整体规模较小，但其空间布局平衡对称、主次分明，从北到南依次为法舞殿（山门）、闭关殿（前殿）、钟鼓楼、东西配殿、大殿和后殿（图 4–26）。

法舞殿是一座单门殿式的山门，歇山顶，小巧精致。它坐北朝南，面阔三开间，进深五架椽，立面无窗，仅南北开有两个券洞门相通。墙身由砖砌成，靠近檐部的位置砌筑菱角檐加以装饰。闭关殿为圣佑庙的前殿，是一个三开间有前后廊的硬山建筑，北立面两梢间各开有一扇圆窗。钟楼、鼓楼形制相同，均为六角攒尖顶两层楼阁，台基样式别致，在原有六边形台基的基础上，每边向内凹陷，形成了由六个反曲面组合而成的台基样式。东西配殿和后殿均为三开间前廊硬山建筑。

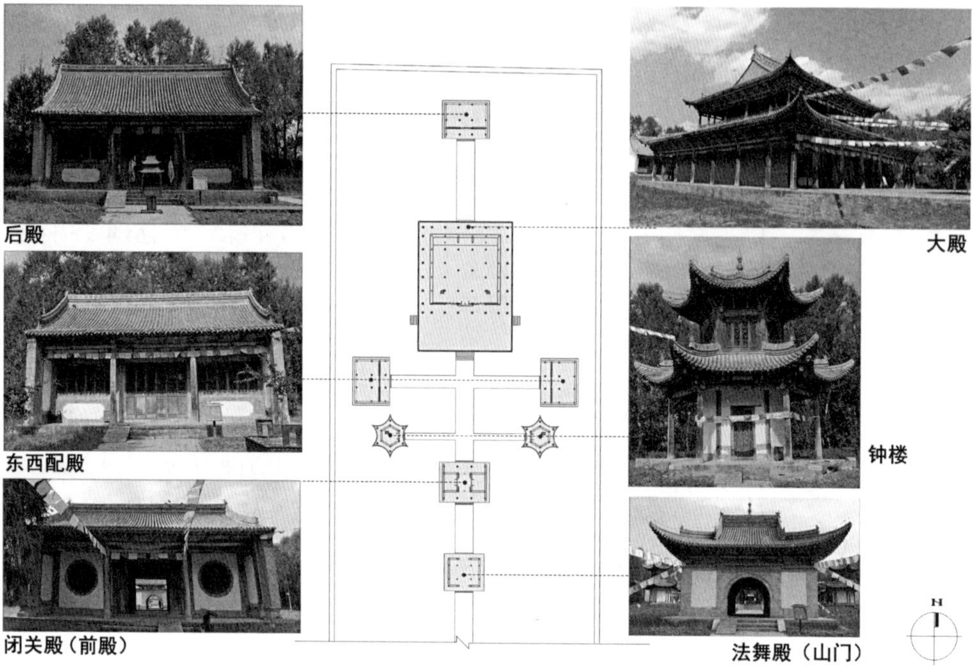

图 4-26 圣佑庙总平面

圣佑庙大殿坐北朝南，是一座歇山顶的二层楼阁建筑（图 4-27），两层平面四周均设有外廊，除去周围外廊后，大殿面阔五开间，进深五间。通面阔约为 24.8 米，通进深约为 24.6 米，通面阔与通进深之比约为 1∶1，平面呈方形，一层建筑面积约为 610 平方米，总高（从台明至宝顶最高点）约为 18.6 米。

图 4-27 圣佑庙大殿

圣佑庙的一层平面，四周出廊，副阶周匝，走廊宽约 2.6 米。大殿坐落在一个 40 米 ×32 米的台基上，台基四侧均有台阶，南侧设有宽约 5.3 米的 7 级踏步，东西两侧各设有宽约 5.3 米的 7 级踏步，北侧仅有宽 4.2 米的 2 级踏步。由于地势北高南低，台明表面与南北地坪距离不等，台明表面与南侧地坪之间的距离约为 1.2 米，台明表面与北侧地坪之间的距离约为 0.4 米，南北地势高差约为 0.8 米。方形的普通台基全部用砖砌成，四面采用卧砖十字缝的排列方式砌筑，台明表面采用“方砖斜墁”的墁地做法，这种形式多用于较为讲究的建筑中，阶条石用甃砖代替。

南侧老檐柱的明间有两扇雕刻精美的藏式木雕大门，两个次间各有六扇隔扇门，两梢间距台明标高为 0.94 米的位置装有六扇隔扇窗，其他几个立面均为砖墙，作为建筑的围护结构（图 4–28）。铺设方法和台明四面做法一致，都用“卧砖十字缝”的组砌形式。墙体上部靠近梁架的部分砌筑成“菱角檐”，向外凸出的檐

图 4–28　圣佑庙南立面

图 4-29 圣佑庙外墙与梁架衔接处

口对梁架与墙体的衔接处进行遮挡，让立面看起来更加自然美观（图 4-29）。二层没有砖墙，四周用隔扇对内外空间进行划分。

圣佑庙一层室内共有 12 根金柱，围绕一圈，最中间采用减柱造和移柱造，保留有两根中柱，南侧紧临东西金柱的位置各有一跑楼梯通往二层。马达汉在《马达汉西域考察日记》中记录过圣佑庙的内部场景：“从大门开始有两排红漆圆木癖柱一直通到佛坛……柱之间摆放着几张矮矮的长板凳，两边靠墙的地方则摆着一排铺毡毯的无靠手椅子。”[①] 这与现在圣佑庙大殿布局相同。圣佑庙建筑群较小，没有传统藏传佛教寺庙中的佛殿，因此采用佛龛与经堂相结合的形式，将佛龛放置于大殿的北侧，南侧空间高大宽阔，供僧人诵经，功能分区明确。

圣佑庙大殿作为经堂，是集会诵经的场所，聚集人数较多，需要空间较大，采取减柱移柱做法，让内部空间更加开敞。与此同时，大殿内部形成以两根中柱为核心的向心性空间形式，从里到外，一圈金柱、一圈墙体、一圈廊柱组合形成了三个“回”字形的平面布局（图 4-30）。这种布局形式与佛教中“曼荼罗”所

① 马达汉，马达汉西域考察日记：1906—1908 [M]. 王家骥，译 . 北京：中国民族摄影艺术出版社，2004：172.

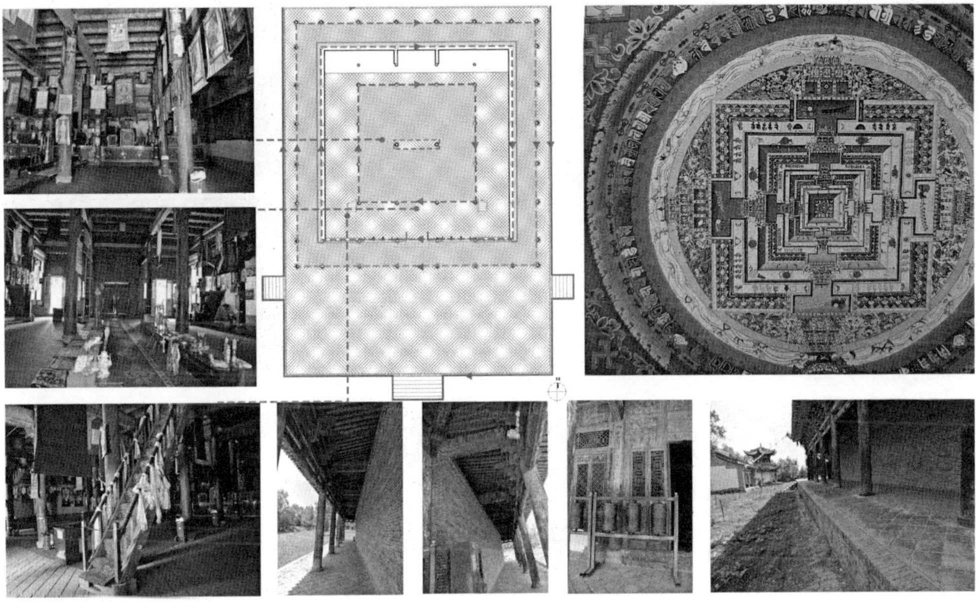

图 4-30　圣佑庙大殿一层平面与“曼荼罗”对比
来源：扎什伦布寺坛城藻井（右上）采自彭措朗杰《扎什伦布寺》

表达的“围绕一个中心，逐层环绕，不断向外发展”的空间格局相似，向心力较强。

圣佑庙大殿的二层平面和一层相似，副阶周匝，通面阔为 16.9 米，通进深为 16.8 米，二层建筑面积约为 284 平方米，走廊宽 2.5 米，南北两侧维护结构均为木隔扇，东西两侧由木墙和圆形木窗组成。圣佑庙大殿二层空间布局简单，整体以两中柱为核心，为“回”字形平面布局，有一圈外廊，屋内正中放有一个蒙古包（图 4-31），信徒在参拜时会围绕他们绕行，形成求佛转经的“回”字形平面廊道。

三、锡伯族建筑

1. 伊犁河谷锡伯族发展概况

锡伯族的发展在伊犁的历史实际上是一部戍边史。锡伯族人原居住在东北大兴安岭以北的区域，在明万历年间加入满洲籍，

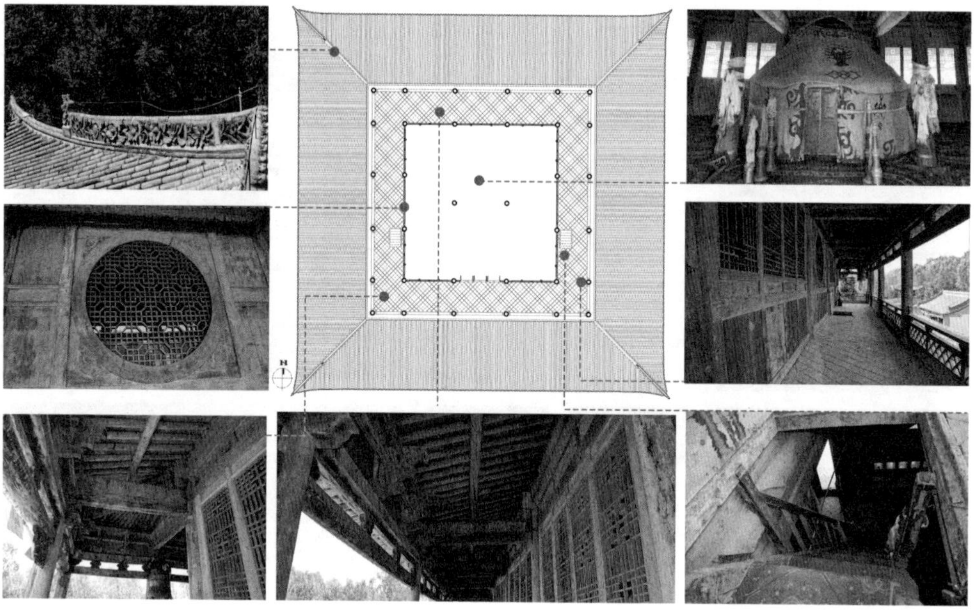

图 4-31 圣佑庙大殿二层内外空间

后来成为蒙古八旗的一部分，到了清康熙年间，被编入满洲八旗，在东北地区驻防。乾隆二十九年（1764 年），清政府调拨四千多名锡伯族官兵及家属，西迁至伊犁驻防屯垦戍边，经历了一年零三个月的艰苦跋涉，最终于乾隆三十年（1765 年）七月抵达伊犁。最初，锡伯族人口较少，分为六旗进行管理，驻扎在芦草沟附近，随着人口的增加，锡伯族人员增至八旗，并组建锡伯营。后来察布查尔大渠建成，锡伯营整体迁至伊犁河南的察布查尔地区，改为八个牛录，屯垦驻防。

察布查尔大渠是图伯特担任锡伯营总管时，历经将近七年，带领锡伯族人修建而成的，“乾隆三十年，自盛京移锡伯部官兵千一八人，驻伊犁河南岸。去河数里，旧有一渠，东西长二百余里，渠北地溢，虑在无田，渠南阻崖，患在无水。嘉庆初，有部人图伯特创议于察布察尔山口引水，自崖上凿渠，亦东西长二百余里。功费繁矩，部人嗟怨。图默特卒排众议，数年乃成。濬新渠，辟田千顷，遂大丰殖，雄视诸部，郑白之沃，不足云也”①。修建察布查尔大渠，为锡伯民众提供了更多可耕种的土地，极大地改善了他们的生活环境。

2. 锡伯族民居

锡伯族聚居形式以牛录为基本单位，牛录村落的整体形态类似城堡，外围砌筑有带有雉堞的方形城墙，沿城墙内挖有壕沟，四角设有箭楼，南北各设一城门，难攻易守，防御性强。内部道路呈棋盘式纵横交错布置（图 4–32）。

图 4–32 牛录形态示意
来源：在谷歌地图基础上绘制（左图为孙扎齐牛录，右图为堆齐牛录）

牛录中每三四亩地为一个居住单元，平面沿南北方向呈长条状布置，主要居住建筑布置在院落的中间偏南位置，将整个基地平面分割为一大一小两个院落，南侧院落较小，院内种有花卉等较为美观的植物，设有正门，与外面街道相通；北侧院落较大，种有树木、蔬菜、粮食，养有家畜，对外开有一后门。院落可分为“ ”字形、“L”形、三合院等形式（图 4–33）。

3. 代表性公共建筑——牛录关帝庙

锡伯族的每个牛录都建有一个祠庙建筑群，包括关帝庙、娘娘庙等，一般位于牛录的东北角②。清初，《三国演义》在满洲贵族之间风靡。顺治年间，关公被奉为“忠义神武大帝”，乾隆年

① 徐松．西域水道记・卷四 [M]. 北京：中华书局，2005：231.
② 唐剑．新疆锡伯族传统建筑文化研究 [D]. 成都：西南交通大学，2016：62.

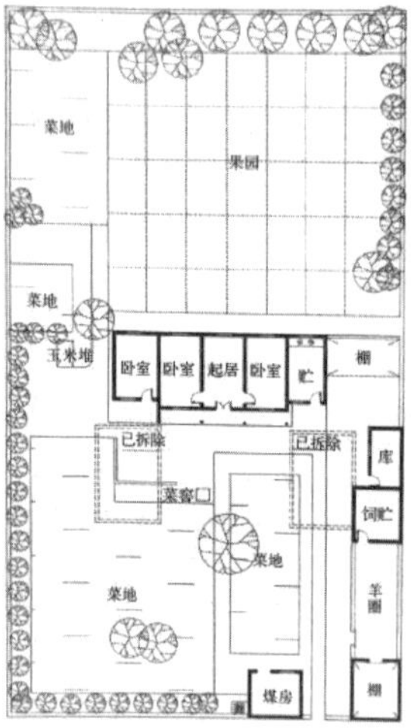

图 4-33 锡伯族民居形态
来源：陈震东《新疆民居》（左）；http://www.huaxia.com/ly/fsmq/dl/2010/05/1896870.html（右）

间又被加封为“忠义神武灵佑关圣大帝”，关公的“忠义”和“勇敢”被世人所推崇，锡伯族人早在西迁之前，就将关帝信仰融入了本民族的信仰体系之中。西迁之后，各牛录陆续修建关帝庙，希望保佑锡伯兵民戍边安全。

察布查尔的八个牛录都建有各自的关帝庙，同治年间回民起义期间，许多关帝庙受到破坏，光绪年间进行了大规模重修（表4-11）。这些关帝庙的建法有着相同的特点。在建筑布局方面，大多数关帝庙的布局形制遵循传统寺院沿南北方向中轴线对称布置的规律。砖木结构的面积在几十到一百多平方米不等，墙上多绘有民间故事壁画进行装饰。现存较为完好的关帝庙有依拉齐牛录关帝庙、孙扎齐牛录关帝庙、纳达齐牛录关帝庙三处。三个关帝庙正殿均为三开间，其中依拉齐和孙扎齐牛录关帝庙的屋顶均采用勾连搭做法，前殿屋顶为卷棚硬山，后殿为硬山。孙扎齐和纳达齐牛录关帝庙的墙壁上绘有大量民间题材壁画。

表 4–11　锡伯族八个牛录关帝庙统计

牛录名称及建造时间	整体布局	大殿建筑特征	现存状况	图片
一牛录（乌珠牛录）道光七年（1827 年）	坐北朝南；照壁、山门、东西配殿、大殿	东西长 10 米；南北长 9.6 米；建筑面积为 96 平方米；三开间；砖木结构	仅存大殿的大木构架	
二牛录（寨牛录）	缺少资料			
三牛录（依拉齐牛录）嘉庆五年（1800 年）	坐南朝北；照壁、山门、东西配殿、忠义楼、巴尔扎庙	南北长 14.85 米；东西长 10.5 米；建筑面积为 156 平方米；砖木结构；大殿屋梁有彩绘；屋顶采用勾连搭形式，前为卷棚顶，后为硬山顶	仅存大殿	 
四牛录（堆齐牛录）	无遗迹（中华人民共和国）成立初期被毁			
五牛录（孙扎齐牛录）光绪十八年（1892 年）	坐北朝南；照壁、山门、大殿、钟鼓楼、东西配殿	台基高 2.5 米；面积为150平方米；大殿屋顶采用勾连搭形式，由前后两部分组成，前为卷棚顶，后为硬山顶；砖木结构；店内绘有壁画	仅存大殿	 
六牛录（宁古齐牛录）道光年间	无遗迹（新中国成立）初期被毁			
七牛录（纳达齐牛录）光绪三十三年（1907 年）	坐北朝南	南北长 10.4 米；东西长 9.4 米；建筑面积为 97.7 平方米；有前廊；砖木结构；绘有三国演义彩绘	仅存大殿	 

（续表）

牛录名称及建造时间	整体布局	大殿建筑特征	现存状况	图片
八牛录（扎库齐牛录）光绪二十一年（1895 年）	坐北朝南	关帝庙 50 平方米；屋顶采用勾连搭形式	仅存配殿娘娘庙	

来源：根据唐智佳《清代伊犁锡伯族关帝信仰研究》、张辉辉《新疆伊犁河谷锡伯族关帝庙的建档研究》、唐剑《新疆锡伯族传统建筑文化研究》编制

四、回族

1. 伊犁河谷回族发展概况

回族是伊犁地区主要民族之一，据《新疆通志·民族卷》记载：“陕甘两省多为回族聚居区，回族多有从业者。屯田的绿营兵不仅全改为携眷永住，其中的回族眷兵也就落籍本地。乾隆年间，清政府采取各种优惠措施，广招回族移民新疆垦荒，陕甘回族络绎迁移新疆。”[①] 清朝初期乃至更早，伊犁河流域就有回族商人、百姓在此生活。清军平定准噶尔部后，在伊犁河谷进行户屯，从陕甘地区迁来的民户当中便包括一部分回族人，兵屯的绿营军中也有一些回族士兵，主要分布在伊犁九城中的宁远城、绥定城、塔勒奇城、拱宸城、熙春城、瞻德城一带。同治年间，陕甘地区爆发了大规模回民起义。在清政府的镇压下，起义以失败告终，陕甘地区的回族人民四处逃难。由于清政府在屯田时曾将陕甘地区的回族人迁入北疆，因此许多逃难的人前去投奔亲友，一时间大量的回族人涌入伊犁。

① 新疆维吾尔自治区地方志编纂委员会．新疆通志·民族卷［M］．乌鲁木齐：新疆人民出版社，2005：356.

2. 回族传统民居

回族民居的建筑做法与汉族相似，多为土木、砖木结构，木构架以抬梁式为主，正屋一般为三开间并排展开，中间开间较大，常作为客厅；两端开间较小，作为卧室。建筑墙面上开的门窗洞口面积较大，重视采光通风。院落平面布局可分为“一”字形、“L”形，此处还采用三合院、四合院等形式。回族多用植物、卷云、连续的几何图样进行装饰，纹样精细，简洁流畅。

3. 代表性公共建筑　　清真寺

清朝时期在新疆多地建有回族清真寺，主要集中在北疆地区。寺院选址往往处于城镇人口密集的闹市中心，主要建筑有宣礼塔、大门、礼拜殿、经堂、沐浴室、接待室等。伊犁河谷现存两座较大的回族清真寺分别是伊宁陕西回族大寺（4–34）和水定陕西回族大寺（4–35）。

伊宁陕西回族大寺又称“宁固寺”，坐落于伊宁市区，始建于乾隆十六年（1751年），由当地回族人自行建造，后来为满足不断增加的回族民众的宗教需求，乾隆二十五年（1760年），百姓集资，并请工匠进行扩建。乾隆二十七年（1762年）建宁远城，该寺也因宁远城而取名为宁固寺。乾隆二十五年（1760年）至

图 4–34　伊宁陕西回族大寺（左）

图 4–35　水定陕西回族大寺（右）

四十六年（1781 年），该寺共扩建过两次，形成现在的规模[①]。清末大批难民逃至伊犁，由于来自陕西的回族日益增多，宁固寺因此又称“伊宁陕西回族大寺”。

伊宁陕西回族大寺整体布局近似矩形（图 4–36），主要建筑有宣礼塔、礼拜殿、经房、沐浴室、接待室等，其中宣礼塔充当了清真寺大门，与礼拜殿在一条轴线上，其他功能用房在这条轴线的北侧。寺院将南侧水渠里的水引入院内，与花坛组合成景观带，区分寺内主体建筑和附属用房。

伊宁陕西回族大寺的宣礼塔（图 4–37）是一个三层六角攒尖顶建筑，两侧院墙上各有一个小垂花门通往寺内。檐下是雕刻精美的“花板代栱”，绘有植物彩画。宣礼塔一层入口檐柱之间用木栅栏围合，靠外的金柱之间用砖砌筑，正中设有木门。两山墙

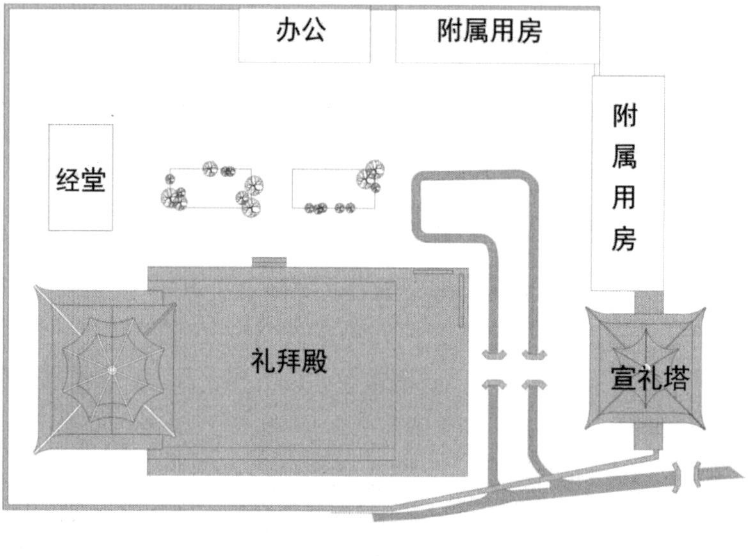

图 4–36 伊宁陕西回族大寺整体布局
来源：根据《中国民族建筑》（第二卷）改绘

① 参见伊宁陕西回族大寺展板。

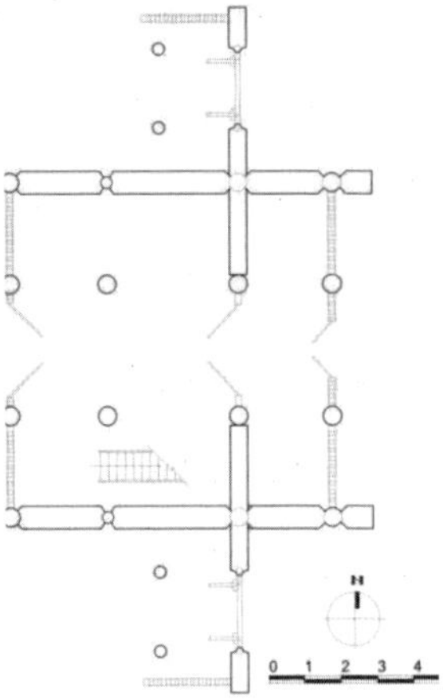

图 4–37　伊宁陕西回族大寺宣礼塔及一层平面
来源：根据《中国民族建筑》（第二卷）改绘（右）

也用砖砌筑，檐柱与前金柱之间的山墙上刻有精美的砖雕。一层南侧有一楼梯通往二层外廊，二层平面呈矩形，周边有一圈外廊，用隔扇分隔内外空间，室内有一楼梯通往三层。三层平面呈六边形，无外廊。

伊宁陕西回族大寺的礼拜大殿平面呈“凸”字形（图 4–38），周边有一圈外廊，面阔七开间，进深 40 米，室内空间分为前后两部分，前半部分的长方形空间为礼拜场所，室内的金柱两两前后并排设置，两面山墙上开有门窗。后半部分是一个四层攒尖顶

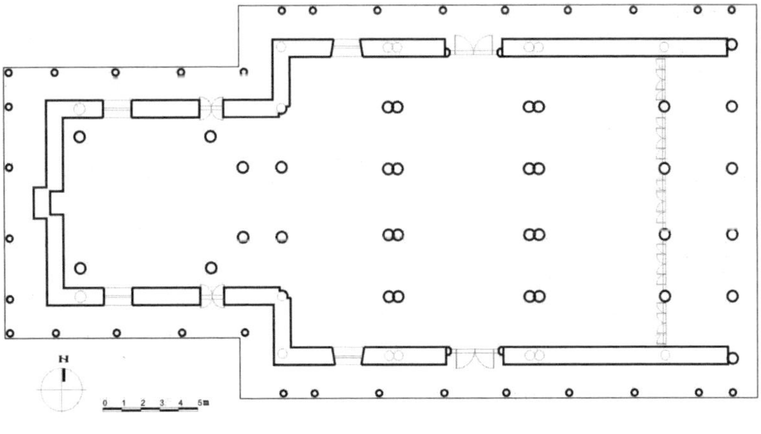

图 4–38　伊宁陕西回族大寺礼拜大殿平面
来源：根据《中国民族建筑》（第二卷）改绘

的八角楼阁，圣龛嵌在楼阁一层的墙面上。楼阁下两层平面呈矩形，上面两层平面呈八边形，逐层收分高耸挺拔，是整个寺庙的制高点（图 4–39）。

大殿前殿相对于后窑殿较为低矮，屋顶由三部分组成，两个卷棚和一个硬山屋面形成勾连搭，山花落在山墙正上方，檐部相连，融为一体（图 4–40）。勾连搭的做法解决了由于进深过长、屋顶过于庞大的问题，建筑侧立面轮廓优美。

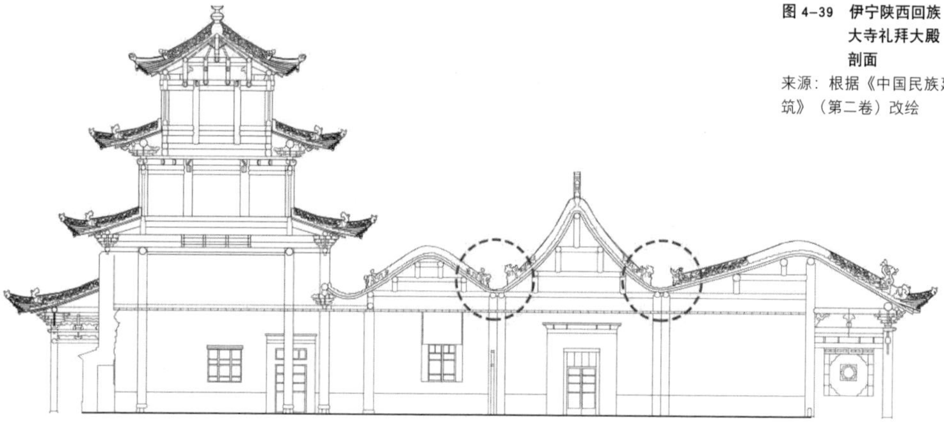

图 4–39 伊宁陕西回族大寺礼拜大殿剖面

来源：根据《中国民族建筑》（第二卷）改绘

图 4–40 伊宁陕西回族大寺礼拜大殿勾连搭屋顶

五、其他民族

1. 伊犁河谷汉族、满族发展概况

自汉代张骞出使西域起，汉族人民就开始在伊犁地区生活，随着西汉与乌孙联姻，更多的汉人随着陪嫁的队伍来到伊犁。公元前60年，西汉在乌垒成（今轮台县）设立西域都护府，迁来汉人在新疆屯田。唐朝时期，伊犁地区归属于北庭都护府，在此驻扎两万汉族兵丁驻守，伴随着丝绸之路新北线的开通，汉族商人也来到伊犁经商。清朝时期，统治者在伊犁地区进行大规模屯垦，其中兵屯的绿营兵丁大多由汉人组成。光绪二年（1876年），左宗棠收复新疆后，清军中的部分汉族兵丁在新疆就地遣散，安置务农，出现“湖湘子弟满天山”[①] 的景象。满族的祖先女真族，在西辽时期就曾踏足伊犁。清乾隆年间平定准噶尔部后，清政府派满营驻守伊犁。满族人擅长骑射，早期信奉萨满教，后来受蒙古族影响信奉藏传佛教，入关后受汉文化的影响愈深。满族民居受汉族影响较大，但仍保留有满族建筑的特点，在三开间的建筑中，中间一间叫作“外屋”，作为厨房和餐厅。两侧为卧室，满族以西为贵，因此西侧的房屋为正房，面积最大。西侧房屋内西、南、北三面围合均砌筑火炕，像植物的枝蔓一样连成一体，称为“蔓子炕”或“万字炕”。

2. 代表性公共建筑——惠远钟鼓楼

钟鼓楼是古代城市中重要的公共建筑之一，是城市中的制高点，起到报时、报警的作用。钟鼓楼的形式主要分为两大类，第一类是钟楼、鼓楼为一体，设置在一栋建筑中的“钟鼓楼”；第

① 出自杨昌浚《恭诵左公西行甘棠》一诗。

二类是钟楼、鼓楼分开设置。

不同类型的钟鼓楼所在的位置有所差别，钟楼、鼓楼一体的“钟鼓楼”往往处于城市的正中心，多为两条中央十字大街的交会处。这种做法常常出现在平原地区较小的城市或者军事堡垒中，城市的平面较为规则方正。钟鼓楼的底部往往呈方形，四面开有洞口。另一类钟楼和鼓楼各自独立设置，常常位于城市中轴线的两端对称分布，或一前一后分布在主要道路上，强调了城市的轴线，并形成一定的空间节奏，控制城市的天际轮廓线。

清乾隆时期平定准噶尔部后，从甘肃等地迁驻了大批军民屯驻伊犁，甘肃地区传统建筑的做法沿着河西走廊被带到了伊犁河谷。甘肃地区的城镇轮廓主要呈矩形，以中央两条垂直相交的大街为道路骨架，将整个城镇空间分割成四个区域。在中央两条大街的“十字”交会点，建有标志性的钟鼓楼，明确城镇中心位置（表4–12）。新疆境内的城市钟鼓楼形式与甘肃地区相似，均为钟楼、鼓楼一体的“钟鼓楼”，现存有两处，一处在乌什，另一处在惠远城，都为砖木结构楼阁式建筑。

表 4–12 甘肃地区的钟鼓楼

名称及建造年代	建筑形制	所处城市位置	图片
永昌钟鼓楼（明万历十四年建）（1586 年）	三层盝顶		
张掖钟鼓楼（清康熙七年）（1668 年）	三层四角攒尖顶	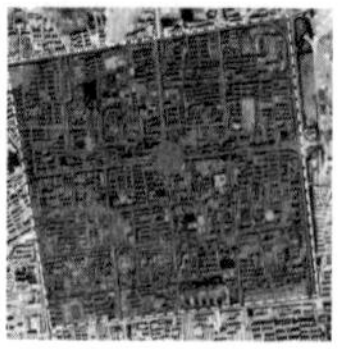	

（续表）

名称及建造年代	建筑形制	所处城市位置	图片
酒泉钟鼓楼（清光绪三十一年）（1905 年）	三层四角攒尖顶	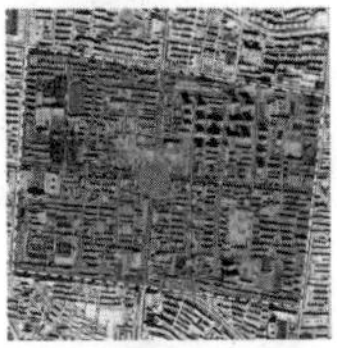	
银川钟鼓楼（银川在清代时属甘肃管辖）	三层十字歇山顶		

惠远钟鼓楼位于惠远古城两条垂直相交的主干道路的交会处（图 4–41），建于光绪十九年（1893 年）。惠远钟鼓楼在城市中所在的位置与甘新通道主要城镇的钟鼓楼保持一致，起到登高远眺、报警、报时的作用。

惠远钟鼓楼（图 4–42）面阔三开间，三层歇山顶，每层平面

图 4–41　惠远钟鼓楼的位置

图 4–42 惠远钟鼓楼

周边均有围廊，坐落在一个高 5.8 米的楼座上。楼座约为 22 米见方，夯土砌筑，青砖包砌，四面开有洞口，两两相互贯通，形成内部十字通道。洞口宽约 3.8 米，从入口起 2.6 米的距离发有圆券，形成券拱，向里改为平顶，用木板拼铺，高度稍高于圆券。四个洞廊的交会处，屋顶呈八边形，向上凹陷，有所收分，绘有八卦图。八边形其中三个边的外侧，各有一条木板，上面分别记录有惠远钟鼓楼三次修缮的时间及主持重修的单位或个人：“中华民国十六年复历九月吉日重修、陆军中将牛时监修”“一九六四年仲夏第二次维修”“公元一九八一年八月至八三年八月进行翻修、霍城县文管所主持监修”。在楼座的东南角有一处楼梯通往楼座顶部。楼座四侧均有收分，收分约占楼座高的 7.8%，檐口处用“菱角砖”进行装饰。楼座顶部有一圈“灯笼转”砌筑的围墙，高约为 1.1 米，围墙墙根设有一圈天沟用于楼座上部排水，楼座正中的位置稍有抬高，钟鼓楼主体建筑坐落其上，整个台面的铺地采用“方砖十字缝”墁地。

惠远钟鼓楼一层墙体采用“三进五出”的砌筑方式，中间抹有白灰。一层外墙南侧开门，在其余三面正中距离地面约 1 米的地方，各开有一扇直径约为 1.8 米的圆窗。墙体与梁架交会处的下方，用“菱角砖”砌成檐口。室内有一跑木制楼梯通往二层。二层和三层均用隔扇区分内外空间，二层的顶棚设有平棋天花，绘有荷花彩绘（图 4–43）。

惠远钟鼓楼的四根中柱为通柱，高约为 13 米，贯通三层楼面，立面仅通过廊子的宽窄不同达到逐层收分的效果。上层的檐柱落在下层的抱头梁上方，上层的角柱落在下层的老角梁上。由于一层的金柱外包有青砖墙体，整体的承载力较好，因此一层的角柱与金柱之间没有递角梁；二层在一层梁架结构的基础上，增设有递角梁，加强角部承重能力，提升柱与柱之间的拉结力（图 4–44）。

图 4–43　惠远钟鼓楼剖面

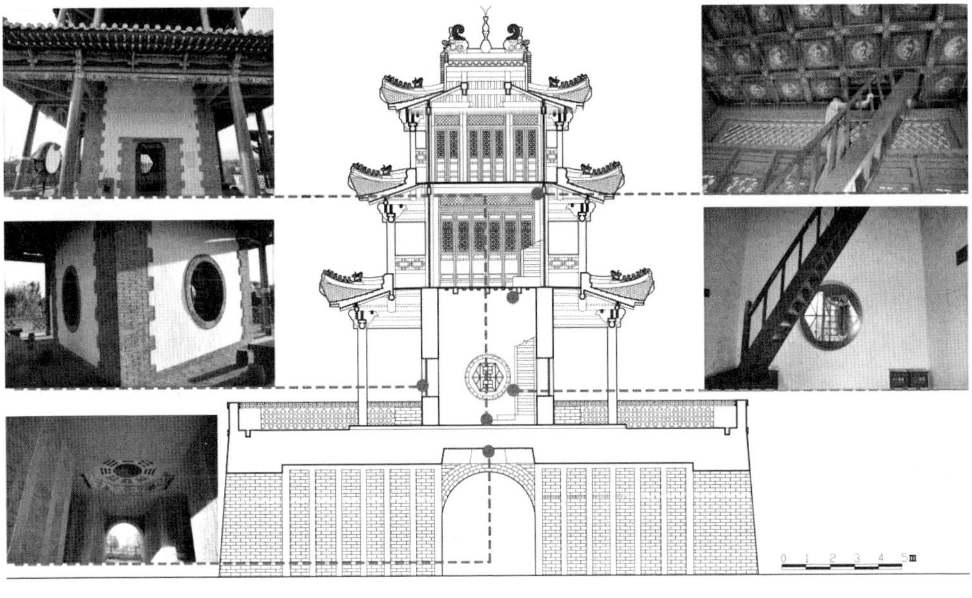

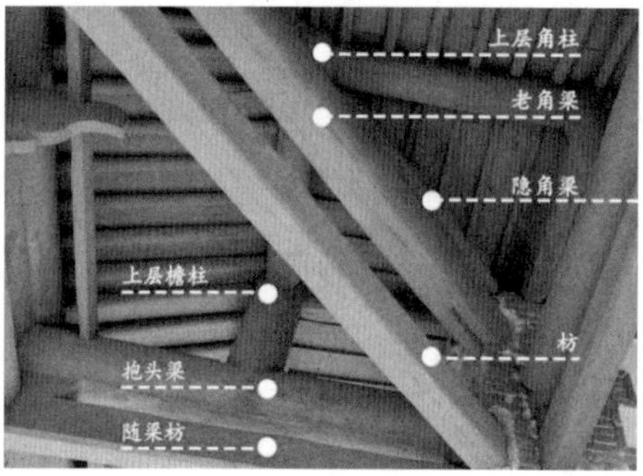

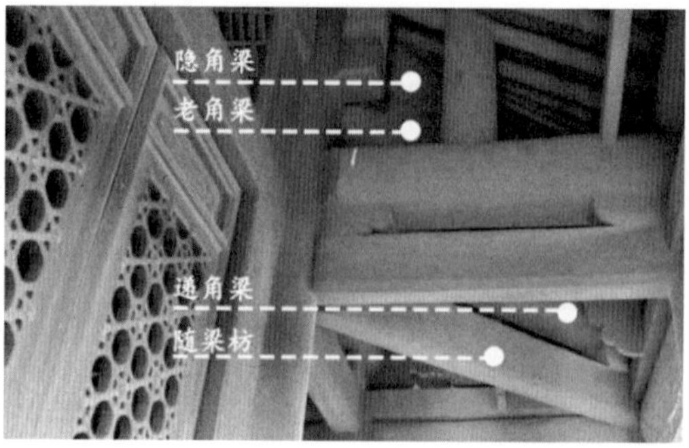

图 4-44 惠远钟鼓楼一二层角部梁架结构

第三节 伊犁河谷多元统一的建筑景观

伊犁河谷现存传统建筑除秃黑鲁·帖木儿麻扎外，其余均建于清代。虽然建造这些传统建筑的民族不同，但呈现的形制相似。这些建筑都受到了汉文化的深刻影响，在抬梁式大木结构的基础上，形成了伊犁河谷在多元文化中相对统一的建筑景观（图 4-45）。伊犁河谷虽然地处我国的最西端，但自从西汉张骞凿空西域以来，汉文化便不断通过各种方式输入至此，汉文化凭借其强大的包容性、适用性，逐渐与不同民族的文化相融合。正如《宋论》中所说的“衣锦食粱，习于恬嬉”，汉地物质生活充实，文化生活丰富，使得汉文化对其他民族文化产生了强烈的向心性。清代以来，汉文化对伊犁河谷传统建筑的影响深刻，不同民族、宗教的传统建筑的外在表现上积极吸取汉地传统建筑的布局、结构、形式；思想内涵上与汉文化相融合，多元文化互鉴共生。

汉文化在历史长河中经历了漫长的发展过程，通过持续融入新的内容，不断发展完善，历久弥新，具备了强大的包容性和先进性。虽然元清两朝是少数民族掌握政权，但汉文化的先进性依然受到统治者的认可，且在原有基础上，又吸收众多民族优秀文化，传承扩展更新自身文化内涵，也正因如此，不同民族也更加容易接纳汉文化，形成了双向的文化影响。伊犁河谷地处边疆，发展相对落后，较为先进的汉文化传播至此，更容易被当地群众认可，汉文化自然而然地融入本土文化之中。建筑作为文化的载体，将这种双向影响直观地表现出来。在建筑组群布局方面，伊犁河谷传统建筑总平面一般在纵向轴线上分布有多进院落，通过每进院落再来组织各个单体建筑。无论是蒙古族的圣佑庙还是锡伯族的靖远寺，藏传佛教寺院的整体布局均采用汉地佛教“伽蓝七堂”的形式：坐北朝南，沿中轴线对称布置有山门、前殿、钟鼓楼、东西配殿、大殿、后殿等。在建筑结构体系方面，伊犁河谷地区无论是不同民族的传统建筑，还是不同宗教信仰的建筑，均采用了汉式大木结构体系，砖、土、木等材料组合运用。屋顶形式为汉式建筑传统的硬山顶、歇山顶、攒尖顶、勾连搭等。伊犁将军府大堂及其附属建筑，靖远寺大雄宝殿、四大天王殿，圣佑庙的配殿、闭关殿等建筑屋顶均为硬山顶；圣佑庙大殿、法舞殿，靖远寺三世佛大殿、惠远钟鼓楼等建筑屋顶为歇山顶；速檀·歪思汗麻扎、墩买里麻扎、拜图拉清真寺宣礼塔、伊宁陕西回族大寺宣礼塔、伊犁将军府凉亭等建筑屋顶采用攒尖顶。依拉齐牛录、孙扎齐牛录、扎库齐牛录关帝庙、伊宁陕西回族大寺大殿、水定陕西大寺大殿、萨坞尔清真寺的屋顶形式采用勾连搭。在建筑装饰上，檐下的木雕构件、廊心壁和墀头上的砖雕构件多雕刻有梅兰竹菊、仙鹤、梅花鹿等汉地常见动植物纹样，墙壁绘有《三国演义》《西游记》等传统民间故事壁画等，这些装饰形式和题材也都体现出汉文化对伊犁河谷传统建筑的影响。

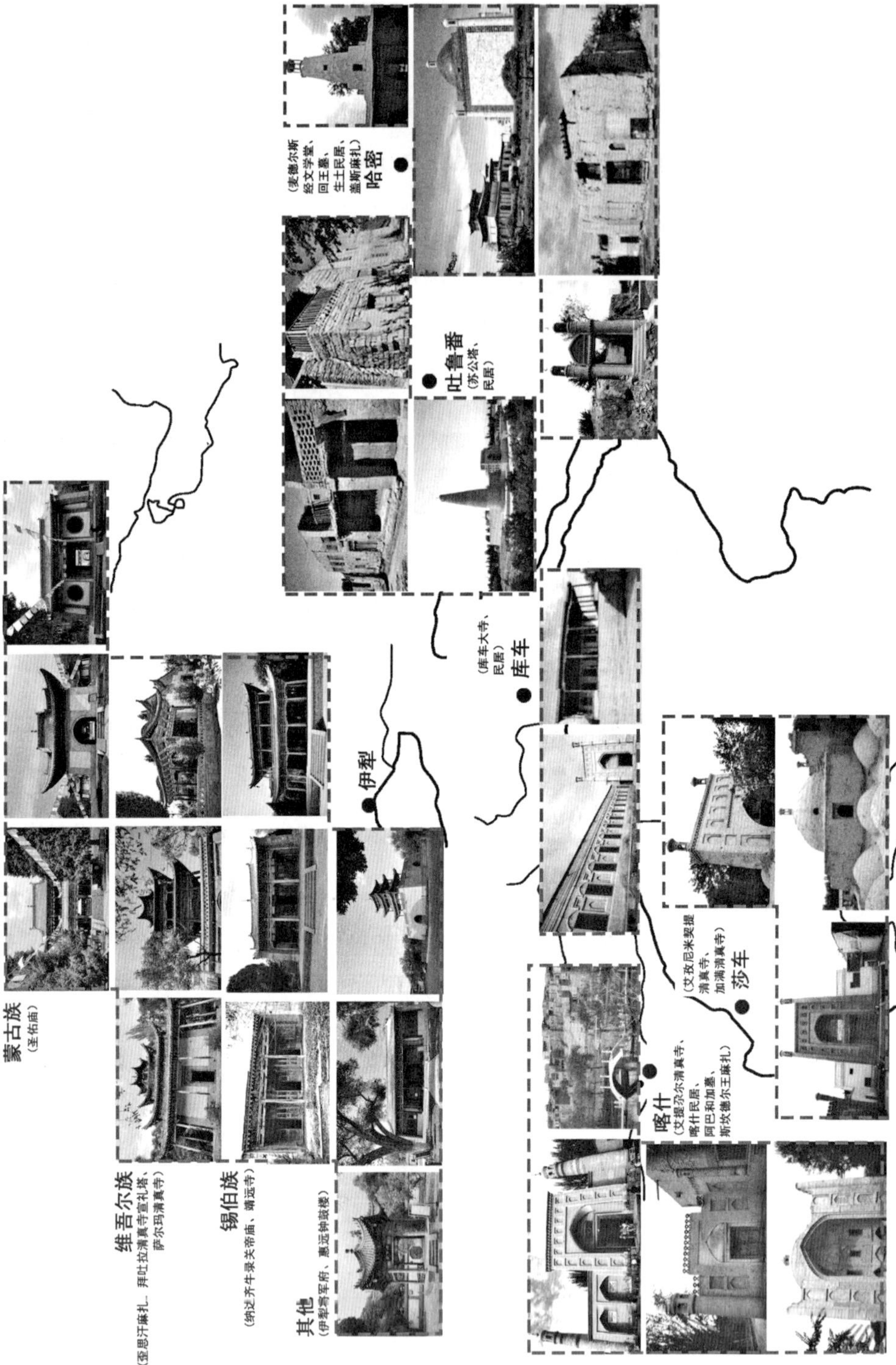

图 4-45 伊犁河谷与东疆、南疆传统建筑风貌比较

第五章　伊犁河谷传统建筑设计尺度特征

伊犁河谷现存传统建筑有庙宇、衙署、墓葬、钟鼓楼等，类型多样，形式丰富，但也有着共同的设计原则，本章通过对伊犁河谷传统建筑组群尺度、建筑单体尺度、建筑构件尺度三个层面的分析，探究本区域建筑的设计特征。

第一节　建筑组群尺度

中国传统建筑组群的设计常利用坐标网格对建筑群体的空间布局进行推敲，“以百尺为形的坐标网格来推敲建筑群的空间布局、即外部空间设计，实际也是中国古代传承弥久和应用普遍的一种重要方法”[①]。“百尺”的距离通过当代学者对空间感受的理性研究，已证明是一种科学的场地布置尺度。人处于这个范围内，可以对建筑有整体把握和感知（表 5–1）。现存的清代样式雷画样中，就有使用网格推敲组群布局的大量实例（图 5–1），多用五丈、十丈见方的方格网进行绘制[②]。

① 王其亨．风水理论研究 [M]. 天津：天津大学出版社，1992：127.

② 同上。

表 5-1 视距、视觉感受对应表

视距			视觉感受
单位(米)	单位(丈)	单位(尺)	
180~350	56~110	562~1 094	看清事物轮廓、天际线
60~70	18~22	187~219	最远观看视距
20~35	6~11	62~110	最佳观看视距，辨认颜色材料
9~12	3~4	28~38	可看清物体材质、材料肌理，观察材料肌理

来源：根据姚宏韬《场地设计》编制

中国传统建筑组群中单体建筑之间的空间距离也体现着当代场地设计理论中人体视域的角度关系。人眼的最佳水平观看范围为 60 度，在 60 度的范围内直视前方，观看的物体效果最佳。人体单眼的对侧水平视野极限为 62 度，双眼的重合视域为 124 度，在 124 度视角内物体富有立体感（图 5-2）。此外，建筑的高度与观看距离一同控制着人们观看传统建筑的视角，当观看建筑的距离约为建筑高度的 2 倍时，人眼的水平视线与建筑的最高点形成 27 度仰角，是观看建筑的最佳视角（图 5-3）。当观看距离约为建筑高度的 3 倍时，垂直仰角约为 18 度，可以对建筑的风貌有整

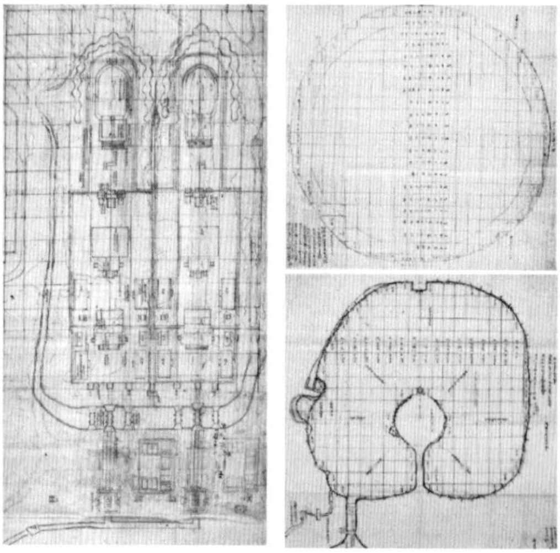

图 5-1 样式雷画样
来源：清代样式雷建筑图档展，北京，2004.08（定东陵地盘图[左]、西苑南海地盘图[右]）

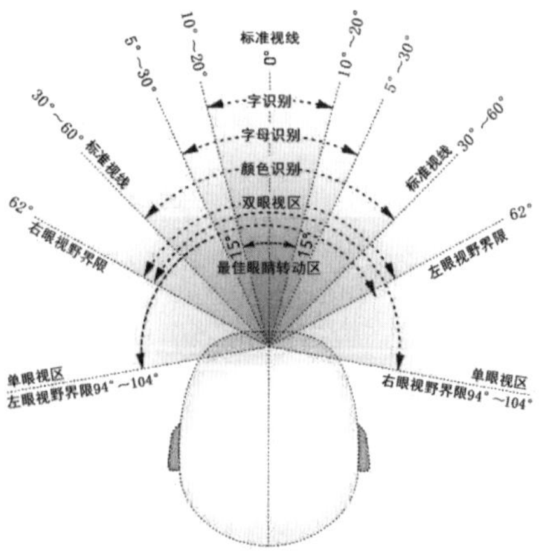

图 5-2 人双眼水平视域体验示意
来源：在姚宏韬《场地设计》双眼水平视域基础上绘制

图 5-3　观赏建筑的仰角控制
来源：根据姚宏韬《场地设计》改绘

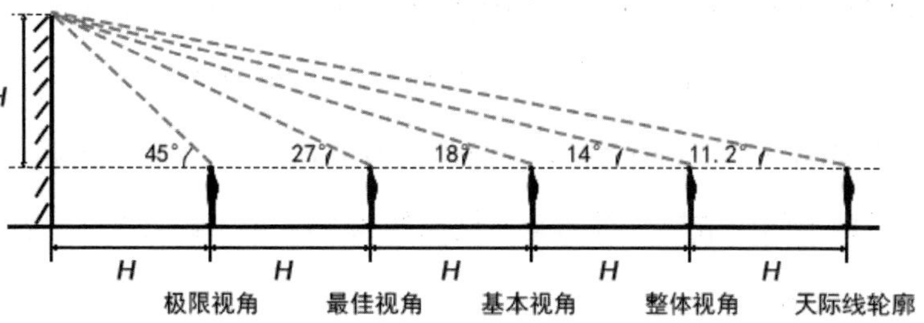

体的掌握。通过上述中国传统建筑组群尺度设计方法，对伊犁河谷传统建筑中整体格局保存较好的圣佑庙、靖远寺两个建筑组群进行分析，探究该地建筑组群的设计智慧。

一、总平面分析

圣佑庙历经多次修缮，边界曾发生变动，因此需要以历史照片中所呈现出的围墙位置来确定建筑组群的空间范围（图 5-4），即以圣佑庙山门法舞殿南墙为南边界，后殿北墙为北边界，东配殿东墙为东边界，西配殿西墙为西边界，围合而成的矩形空间作为圣佑庙建筑组群尺度研究的空间范围（图 5-5）。

图 5-4　1910 年圣佑庙组群风貌
来源：莫理循摄

圣佑庙建筑群研究范围东西宽约 66.5 米，即 20.8 丈[1]，南北长约 141.2 米，即 44 丈。法舞殿（山门）与闭关殿（前殿）

① 清代营造尺 1 丈 =320 厘米，1 尺 =32 厘米，1 寸 =3.2 厘米，下同。

之间组成第一进院落，院落进深约为 14.7 米，约合 4.5 丈，面积约为 1 130 平方米；闭关殿与圣佑庙大殿之间组成第二进院落，进深约为 31.5 米，约合 9.8 丈，面积约为 1 401 平方米；圣佑庙大殿与后殿之间组成第三进院落，进深约为 22.8 米，约合 7 丈，面积约为 1 516.2 平方米。

在研究圣佑庙总平面布局的过程中，可分别连接两条对角线（图 5-5），对角线交点所在的东西方向的轴线，即为整个研究范围的南北中分线，将研究范围等分为南北两个地块。这条中分线所在的位置，与圣佑庙大殿的南侧台明边缘几乎重合。以同样的

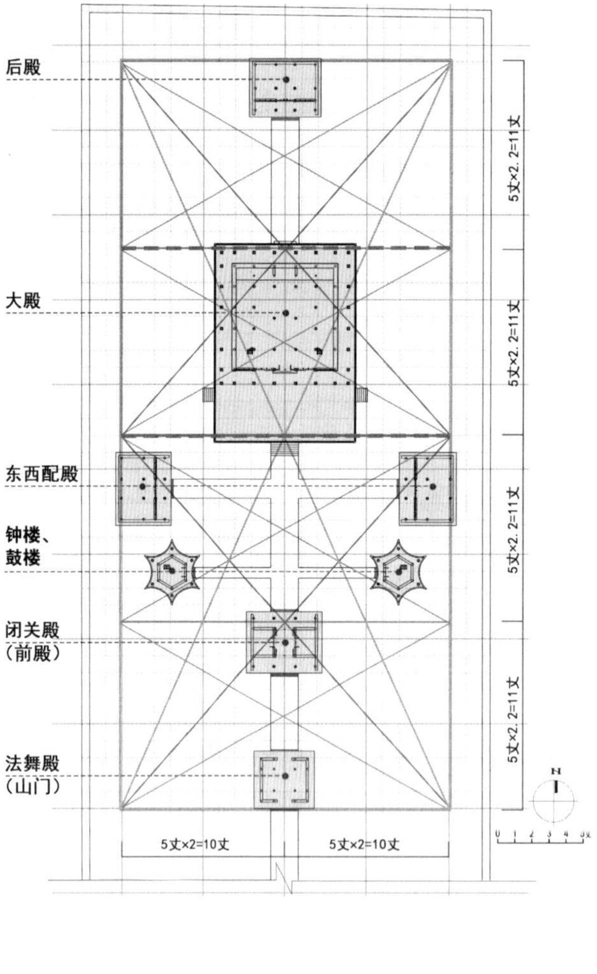

图 5-5 圣佑庙建筑组群整体布局分析

方法，对由中分线分成的南北两个地块进行第二次划分，分别得到南北两个地块各自的中分线。北侧地块的中分线恰巧落在圣佑庙大殿的北侧台明边缘，与整个研究范围的中分线一起，界定了大殿南北方向的位置。可以看出，整个建筑群的南北范围，以圣佑庙大殿的南北尺度为模数，等分为四个部分，每个部分约为11丈，而圣佑庙大殿正处于整个建筑群中最为重要的核心位置。

靖远寺的整体布局轴线向西偏斜约3~5度。从南到北依次是山门、四大天王殿、钟楼、鼓楼（现已不存在）、大雄宝殿、东西配殿、三世佛大殿。第一进院落由山门和四大天王殿组成，进深33.6米，约合10.5丈，面积约为1 210平方米；第二进院落由四大天王殿和大雄宝殿组成，进深为16米，约合5丈，面积约为592平方米；第三进院落由大雄宝殿、三世佛大殿和东西配殿组成，进深约为14.5米，约合4.5丈，面积约为235平方米。

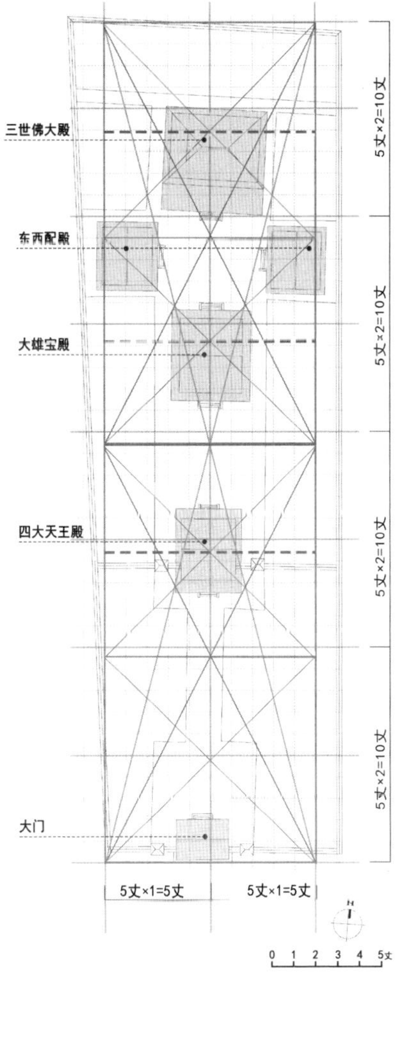

图 5-6　靖远寺建筑组群整体布局

靖远寺以最北侧院墙为北边界，最南侧山门南墙为南边界，东西配殿的东墙和西墙分别为东西边界，形成矩形院落（图5-6）。在总平面图上以清营造尺度一丈作为基本单位绘制网格，靖远寺南北长约128米，约合40丈；东西宽约32米，约合10丈，总面积约为4 096平方米。以连接矩形对角线得中分线的方法，将整个院落等分为四个部分，每个部分的进深均为10丈。大雄宝殿、三世佛殿和四大天王殿这三座位于中轴线上的重要建筑，均位于四个矩形对角线的交点上。

通过分析圣佑庙和靖远寺的总平面尺寸，发现两个建筑组群整体布局都是以5丈或5.5丈为模数单位进行设计，与中国传统建筑组群设计中“百尺为形，千尺为势”的布局尺度联系紧密。而二者不同之处在于：建在宽阔地带的圣佑庙的网格对角线交叉点在台明；而建在牛录聚落之中面积较小的靖远寺的网格对角线交叉点在建筑中部。推测出现这种现象的原因是不同建筑群组的定位方式不同，有些建筑组群用交叉点来定位，有些建筑群则用方格的边界线来定位。

二、视线分析

圣佑庙建筑组群空间布局平衡对称、主次分明。从法舞殿（山门）进入，第一进院落两侧没有建筑进行围合，仅有一条长约14米的道路进行引导，通往闭关殿（前殿）。站在法舞殿内向前看，在北侧券洞门的框景下，远处位于东西两侧的钟楼、鼓楼均匀地分布在正前方闭关殿的两旁，进深层次丰富，三座建筑正处在60度角的视域范围内，整个空间饱满舒适。穿过闭关殿，进入第二进院落——由钟楼、鼓楼及东西配殿围合而成的近似矩形的院落。二进院中，为了更好地衬托出大殿的宏伟，减弱空间的压抑感，配殿的位置相较于钟楼、鼓楼各自向东西两侧拉远5.5米，扩展大殿前的横向空间，强调核心建筑的位置，将圣佑庙大殿更好地烘托出来。

站在闭关殿内向前望去，在可见范围为124度的视域内可看到钟楼、鼓楼、东西配殿以及大殿。圣佑庙东西配殿北侧的两边缘形成的视角范围为60度，使得整个空间视感丰富且中心明确。在圣佑庙的北侧有道路连接后殿，完成整个建筑群空间序列最后的收尾，达到了整个寺庙空间布局收放有致的效果（图5–7）。

人们站在闭关殿北侧台明下，向北看圣佑庙大殿，可以对圣佑庙大殿的整体风貌有一个初步完整的印象，此时的垂直视角为18度；在配殿之间与大殿、闭关殿之间道路的相交处观看圣佑庙大殿，大殿则完整饱满地呈现在人们眼前，此时的垂直视角为舒适的28度角（图5–8）。

图5–7 圣佑庙总平面视线分析

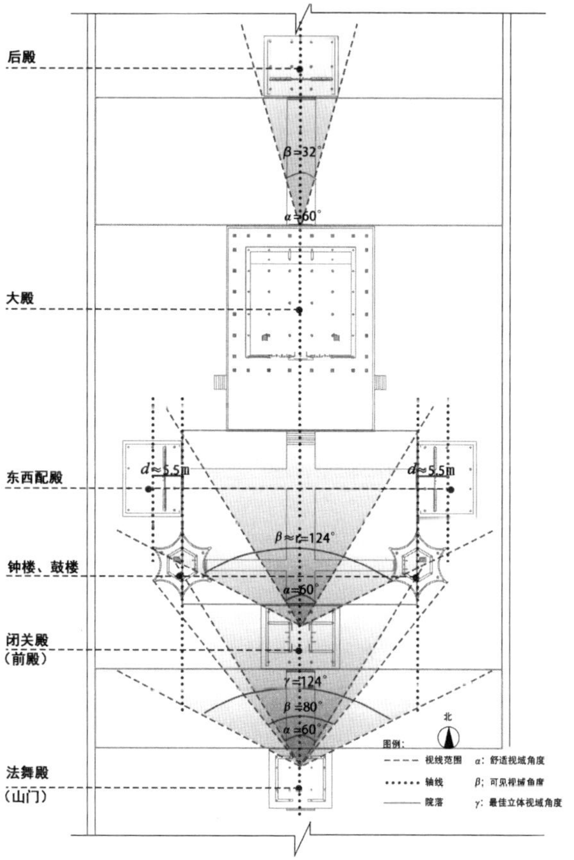

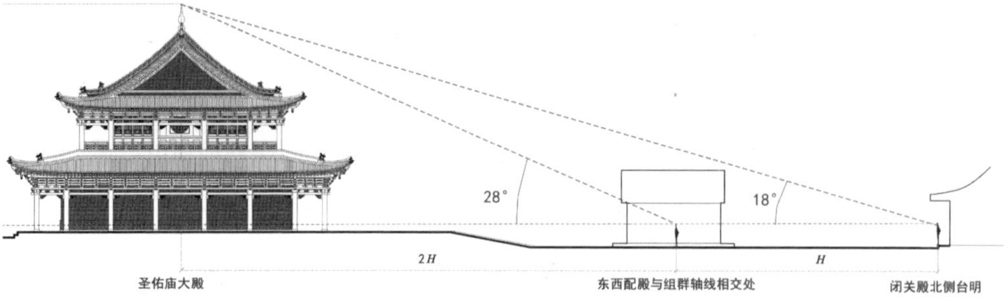

图 5-8 圣佑庙大殿垂直视线分析

靖远寺的第一进院落为封闭院落。站在山门内侧向北看去，包括四大天王殿及前后院落分隔围墙处于水平视角 60 度的范围内，四大天王殿及两侧的小门则位于 28 度水平视角内。第二进院落没有围墙和建筑围合，站在四大天王殿向北水平看去，位于后侧的东西配殿形成了 60 度的水平视角范围，大雄宝殿位于 40 度的视角范围。在第三进院落中，从大雄宝殿水平向北看，靖远寺中最重要的建筑“三世佛大殿”的水平视角为 59 度，东西配殿南侧山墙边缘处于 124 度视域范围内，整个空间具有立体的进深感，主次分明（图 5-9）。从大雄宝殿北侧台明观看三世佛大殿，形成的垂直视角为 26 度，观赏角度极佳（图 5-10）。

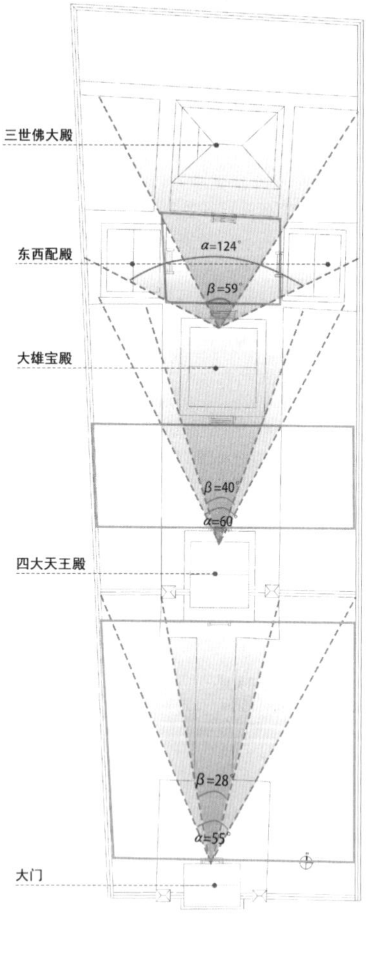

图 5-9 靖远寺总平面视线分析

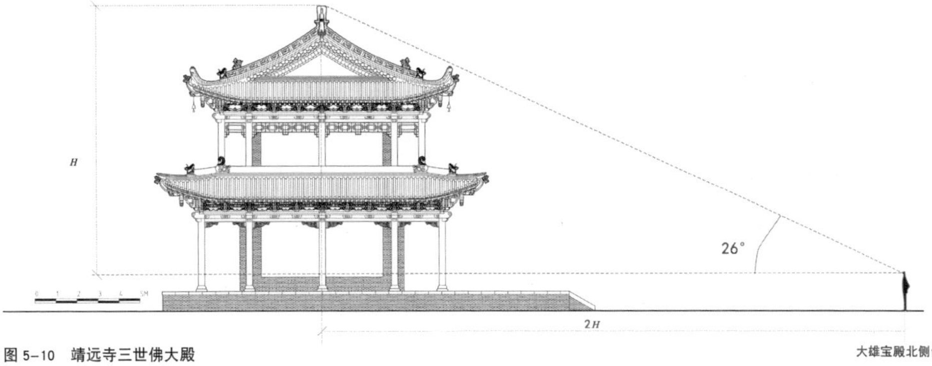

图 5-10　靖远寺三世佛大殿垂直视线分析

圣佑庙建筑群的第一进院落通过框景，使得钟楼、鼓楼、闭关殿均处在 124 度立体视角范围内，形成丰富的进深层次；第二进院落，从闭关殿观看大殿、钟鼓楼及东西配殿的角度也为 124 度；而观看正前方中轴线上的建筑时，他们的角度在水平观赏角 60 度左右的范围。在靖远寺的第一进院落，从山门向北看去，视线与院墙边缘形成接近 60 度的观看视角；第二进院落中，从四大天王殿向北看，东西配殿及大雄宝殿位于观赏角度 60 度范围内；第三进院落中，从大雄宝殿向北看，三世佛大殿边缘形成的水平视角也接近 60 度。综上可知，在伊犁河谷建筑群中，位于中轴线上的重要建筑，从前方建筑北侧位置观看时，水平视线通常位于观赏角度 60 度范围内，周边的附属建筑在 124 度水平视线范围内。同时，从圣佑庙闭关殿北侧的台明观看圣佑庙大殿时所形成的仰角为 18 度，是观赏建筑整体风貌的一般视角；而在两条道路的交点处观看时仰角为 28 度，接近观看大殿的最佳视角，能够更好地欣赏建筑的细部特征。靖远寺大殿的最佳视角恰巧在大雄宝殿北侧台明附近，为 26 度，接近最佳视角。通过以上分析可以看出，两座建筑组群在视线设计时考虑到了人体视域角度的控制原则，体现出伊犁河谷传统建筑的设计智慧。

第二节 建筑单体尺度

一、立面尺度

伊犁河谷传统建筑的檐下花板代栱装饰层[①]（即官式建筑中的斗栱部位）与檐柱的高度之比多在 1/3 到 1/2 之间，大部分的花板代栱装饰层与檐柱之比大于 1/3（表 5–2），而官式建筑中斗栱高度仅占檐柱高的 1/6 左右[②]。伊犁河谷传统建筑檐下花板代栱装饰层所占比例较大，与少数民族喜爱用丰富的纹样进行装饰有关（将在第六章详述），进而形成伊犁河谷传统建筑的立面特征。檐下施用花板代栱的建筑明间多设有两个破间，将明间的花板代栱均分为 3 部分，每部分宽度为 1.3~1.6 米，形成了较大面积可用于彩绘、雕刻的檐下装饰构件。

表 5–2 伊犁河谷檐下花板代栱装饰层与檐柱净高汇总

建筑名称	层数	檐柱净高（mm）	檐下花板代栱装饰层高（mm）	檐下花板代栱装饰层与檐柱净高之比
圣佑庙大殿	1	3 500	1 350	1/2.6
	2	2 410	1 140	1/2.1
靖远寺三世佛大殿	1	3 350	1 040	1/3.2
	2	2 150	1 000	1/2.1
惠远钟鼓楼	1	4 050	650	1/6.2
	2	2 270	650	1/3.5
	3	1 690	650	1/2.6
拜图拉清真寺宣礼塔	1	3 300	1 240	1/2.7
	2	1 880	590	1/3.2
	3	1 360	590	1/2.3

① 花板代栱是新疆天山沿线地区十分具有地方特色的檐下做法，斗栱的位置由实施雕刻的花板所代替，既丰富了建筑的立面装饰效果，又成为区别其他地域建筑形式的典型特征。

② 马炳坚. 中国古建筑木作营造技术 [M]. 北京：科学出版社，1991：245.

（续表）

建筑名称	层数	檐柱净高（mm）	檐下花板代栱装饰层高（mm）	檐下花板代栱装饰层与檐柱净高之比
伊宁陕西回族大寺礼塔	1	3 630	1 400	1/2.6
	2	2 000	900	1/2.2
	3	1 300	900	1/1.4

1. 圣佑庙大殿

圣佑庙大殿高 18.67 米（从台明面至宝顶），通面阔为 24.78 米，建筑高度和立面通面阔之比约为 5∶7（图 5–11）。大殿明间面阔 4.1 米，檐柱净高① 为 3.5 米。一层花板代栱与荷叶墩形成的檐下装饰层高为 1.35 米，檐下花板代栱装饰层与檐柱净高之比约为 1∶2.59；二层檐柱净高为 2.41 米，二层花板代栱与荷叶墩形成的檐下装饰层高为 1.14 米，檐下装饰层高与檐柱净高之比约为 1∶2.11。一层花板代栱外出三踩，二层出两踩，明间、次间、梢间、尽间各设有两个破间，将所在开间的花板均分为三部分。

图 5–11　圣佑庙大殿立面尺寸分析

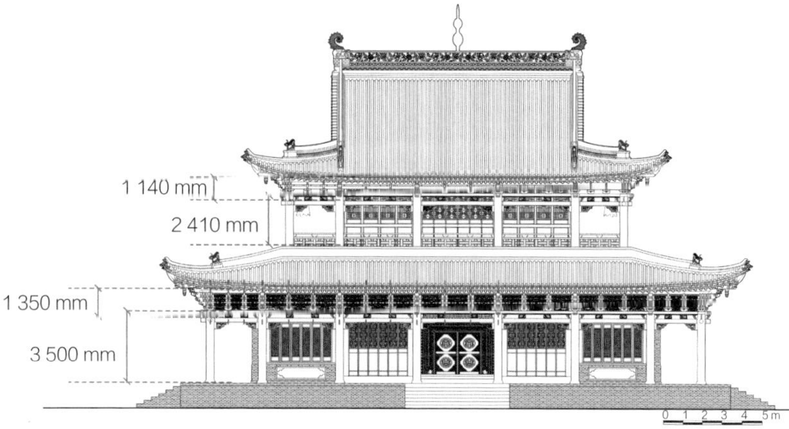

2. 靖远寺三世佛大殿

靖远寺三世佛大殿高约为 13.4 米（从台明面至宝顶），通面

① 从柱础至柱顶，不含花板代栱装饰层高度。

阔为 19.5 米，建筑高度和立面通面阔之比约为 4∶5（图 5-12）。大殿明间面阔 4 米，檐柱净高为 3.35 米。一层花板代栱与荷叶墩形成的檐下花板代栱装饰层高为 1.04 米，檐下装饰层与檐柱净高之比约为 1∶3.22；二层檐柱净高为 2.15 米，二层花板代栱与荷叶墩形成的檐下装饰层高 1 米，檐下装饰层高与檐柱净高之比约为 1∶2.15。一层花板代栱外出三踩，明间和次间各设两个破间，将所在开间的花板均分为三部分，尽间设一个破间，将尽间的花板均分为两部分；二层出两踩，明间和次间各设两个破间，将所在开间的花板均分为三部分，尽间不设破间。

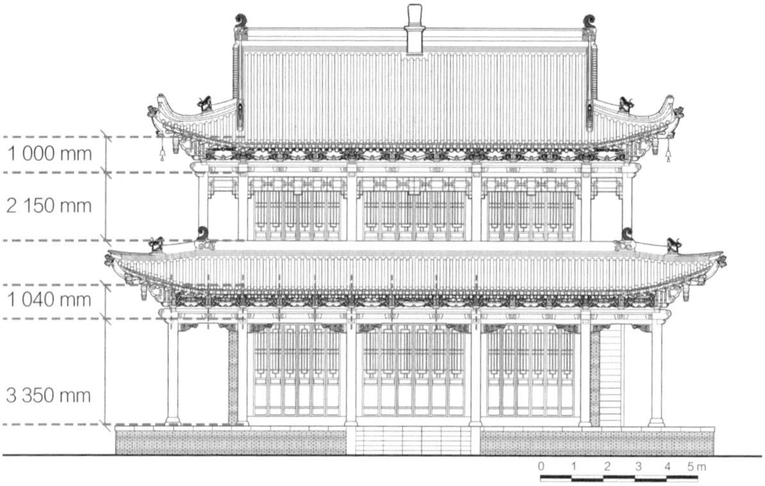

图 5-12 靖远寺三世佛大殿立面尺寸分析

3. 惠远钟鼓楼

惠远钟鼓楼高约 16.27 米（从城台面至宝顶），通面阔 10.2 米，建筑高度和立面通面阔之比约为 3∶2，鼓楼底座高约 5.8 米（图 5-13）。钟鼓楼一层明间面阔 4.7 米，檐柱净高 4.05 米，明间面阔大于檐柱净高。一层花板代栱形成的檐下装饰层高为 0.65 米，檐下装饰层与檐柱净高之比约为 1∶6.23；二层檐柱净高为 2.27 米，二层花板代栱所在的檐下装饰层高 0.65 米，檐下花板代栱装

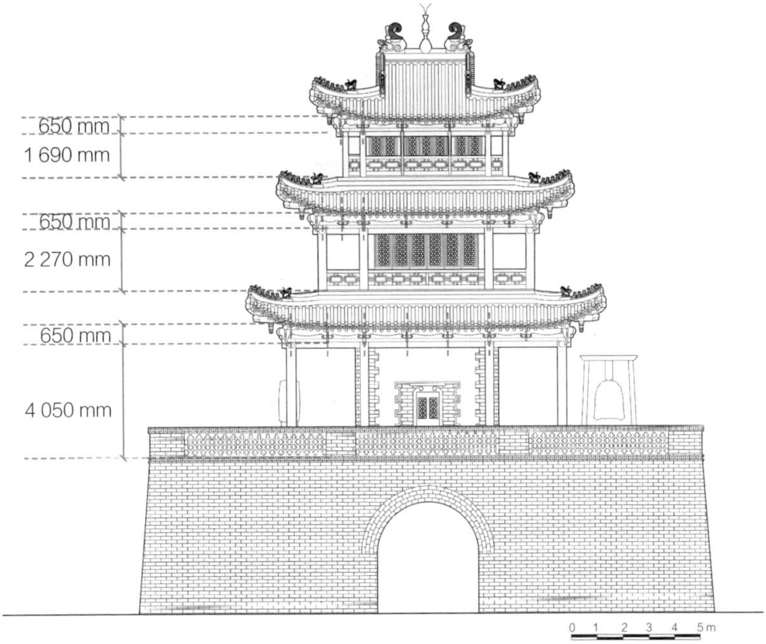

图 5-13　惠远钟鼓楼立面尺寸分析

饰层与檐柱净高之比约为 1∶3.49。三层檐柱净高 1.69 米，三层的檐下装饰层高 0.65 米，檐下装饰层与檐柱净高之比约为 1∶2.6。一层、二层花板代栱均外出一踩，明间设两个破间，将所在开间的花板均分为三部分，尽间设一个破间，将尽间的花板分为两部分；三层出一踩，明间、次间、尽间均不设破间。

4. 拜图拉清真寺宣礼塔

拜图拉清真寺宣礼塔高约 14.82 米（从城台面至宝顶），通面阔 7.52 米，建筑高度和立面通面阔之比约为 2 : 1，鼓楼底座高约 3.48 米（图 5-14）。钟鼓楼一层明间面阔 3.8 米，檐柱净高 3.3 米，明间面阔大于檐柱净高。一层花板代栱与荷叶墩之间形成的檐下装饰层高 1.24 米，檐下花板代栱装饰层与檐柱净高之比约为 1 : 2.66；二层檐柱净高 1.88 米，二层的檐下花板

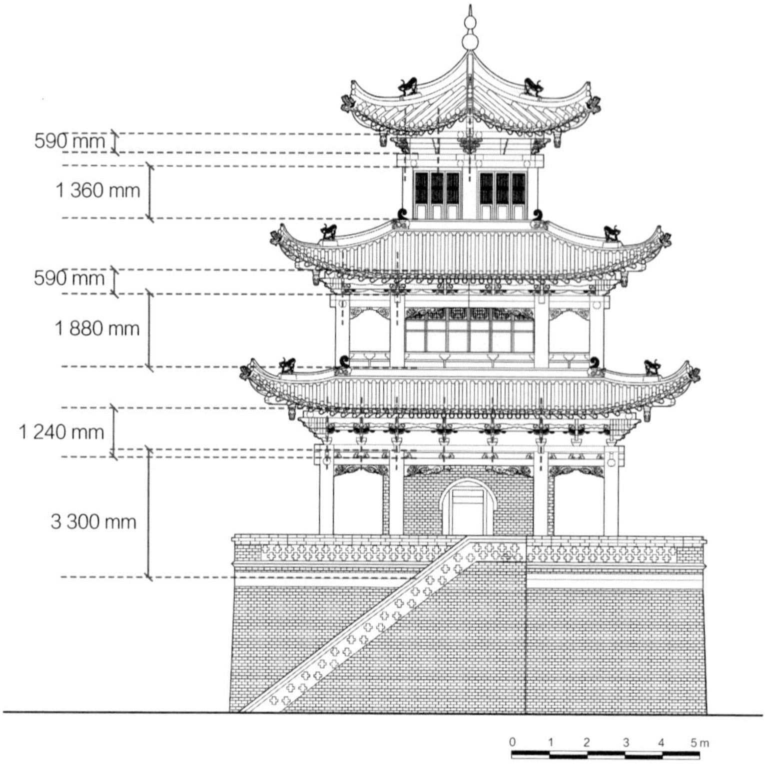

图 5-14 拜图拉清真寺宣礼塔立面尺寸分析

代栱装饰层高为 0.59 米，檐下花板代栱装饰层与檐柱净高之比约为 1∶2.86。三层檐柱净高为 1.36 米，三层的檐下花板代栱装饰层高为 0.59 米，檐下花板代栱装饰层与檐柱净高之比约为 1∶2.3。一层花板代栱外出三踩，明间设两个破间，将所在开间的花板分为三部分，尽间设一个破间，将尽间的花板均分为两部分；二层花板代栱外出两踩，明间设两个破间，将所在开间的花板代栱分为三部分，尽间不设破间；三层出两踩，六边形平面，每边设有一个破间，将该边花板代栱分为两部分。

二、平面尺度

伊犁河谷单体建筑的平面尺寸由于用材较小，明间面阔尺寸均不大，为 3.8~4.7 米。楼阁建筑中，除围廊以外柱网布置尺寸相同，廊柱所在的尽间逐层收分，顶层的平面柱网往往发生变化，或改变平面形态，或改变柱子数量。楼阁建筑的廊步尺寸相差较大，具体尺寸与建筑的使用人数有关。圣佑庙由于民众礼佛，上楼的人数较多，东西各有一跑宽 1 米的木梯通往二层，二层廊步尺寸较宽，为 2.5 米，可容纳 4 股人流。而拜图拉清真寺宣礼塔及伊宁陕西回族大寺宣礼塔，仅阿訇需要上至楼上，召唤信众前来礼拜，楼梯的尺寸为 0.6~0.8 米，廊步尺寸为 1.35~1.75 米。钟鼓楼上层具有眺望作用，但上楼人数很少，廊间尺寸与楼梯宽度相同，均为 0.65 米，仅能容纳 1 股人流。

1. 圣佑庙大殿

圣佑庙大殿平面呈方形，一层面阔五开间，通面阔七开间，共 27.48 米；进深五间，通进深七间，共 24.62 米（图 5–15、表 5–3）。二层面阔三开间，通面阔五开间，共 16.9 米；进深三间，通进深五间，共 16.88 米，一层的金柱为通柱，与二层的老檐柱相对应，柱网尺寸相同（图 5–16、表 5–4）。

图 5–15　圣佑庙大殿一层平面（左）

图 5–16　圣佑庙大殿二层平面（右）

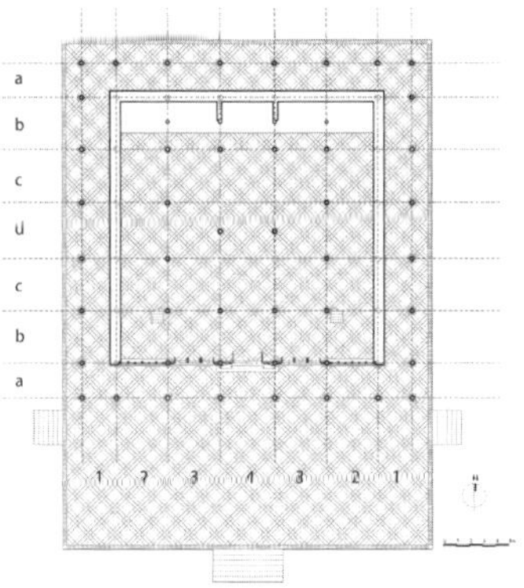

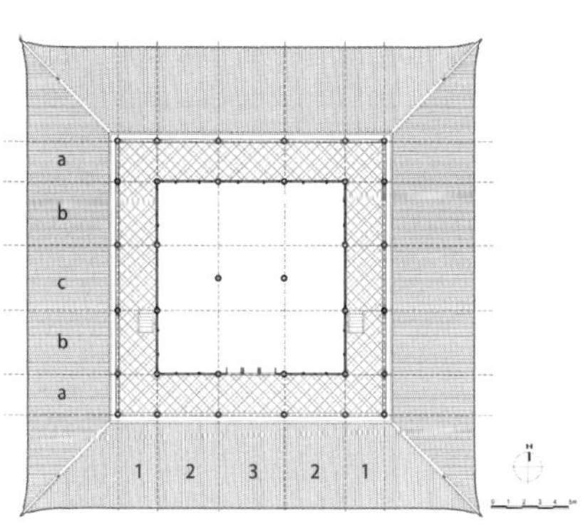

表 5-3 圣佑庙大殿平面尺寸

开间编号	1	2	3	4	通面阔
尺寸（毫米）	2 600	3 840	3 900	4 100	24 780
尺寸（寸）	约 81	120	约 122	约 128	约 774
进深编号	a	b	c	d	通进深
尺寸（毫米）	2 550	3 820	3 900	4 080	24 620
尺寸（寸）	约 80	约 119	约 122	约 127	约 769

表 5-4 圣佑庙大殿二层平面尺寸

开间编号	1	2	3	通面阔
尺寸（毫米）	2 500	3 900	4 100	16 900
尺寸（寸）	约 78	约 122	约 128	约 528
进深编号	a	b	c	通进深
尺寸（毫米）	2 500	3 900	4 080	16 880
尺寸（寸）	约 78	约 122	约 127	约 527

2. 靖远寺三世佛大殿

靖远寺三世佛大殿平面呈矩形，一层面阔三开间，通面阔五开间，共 19.5 米；进深两间，通进深四间，共 11.3 米（图 5-17、表 5-5）。二层面阔三开间，通面阔五开间，共 17.6 米；进深三间，通进深五间，共 9.4 米（图 5-18、表 5-6）。

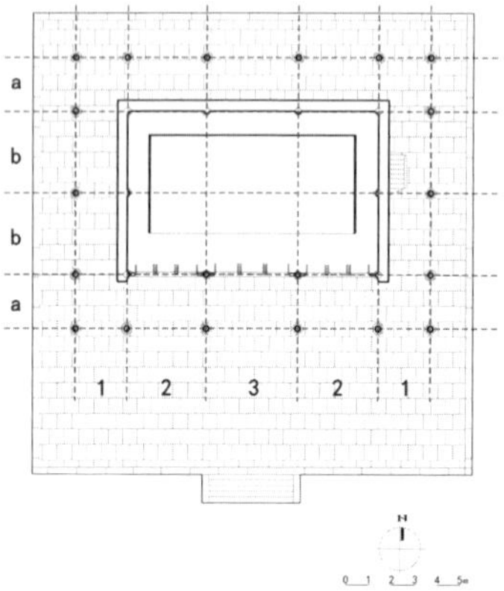

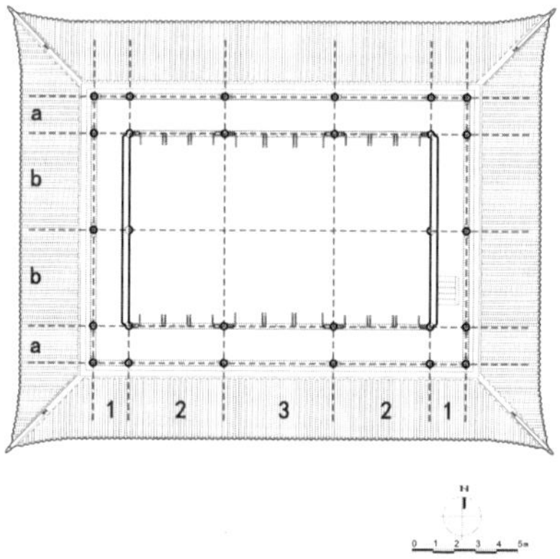

图 5-17 靖远寺三世佛大殿一层平面（左）

图 5-18 靖远寺三世佛大殿二层平面（右）

表 5-5　靖远寺三世佛大殿一层平面尺寸

开间编号	1	2	3	通面阔
尺寸（毫米）	2 250	3 500	4 000	19 500
尺寸（寸）	约 70	约 109	约 125	约 608
进深编号	a	b	/	通进深
尺寸（毫米）	2 250	3 400	/	11 300
尺寸（寸）	约 70	约 106	/	约 352

表 5-6　靖远寺三世佛大殿二层平面尺寸

开间编号	1	2	3	通面阔
尺寸（毫米）	1 300	3 500	4 000	17 600
尺寸（寸）	约 41	约 109	约 125	约 550
进深编号	a	b	/	通进深
尺寸（毫米）	1 300	3 400	/	9 400
尺寸（寸）	约 41	约 106	/	约 352

3. 惠远钟鼓楼

惠远钟鼓楼平面呈方形，一层面阔一开间，通面阔三开间，共 10.2 米；进深一间，通进深三间，共 10.2 米（图 5-19、表 5-7）。二层面阔一开间，通面阔三开间，共 7 米；进深一间，通进深三间，共 7 米（图 5-20、表 5-8）。三层面阔三开间，通面阔五开间，共 6 米；进深三间，通进深五间，共 6 米（图 5-21、表 5-9）。

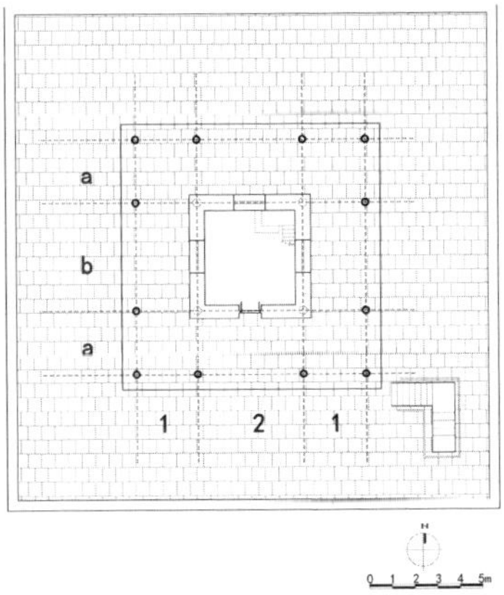

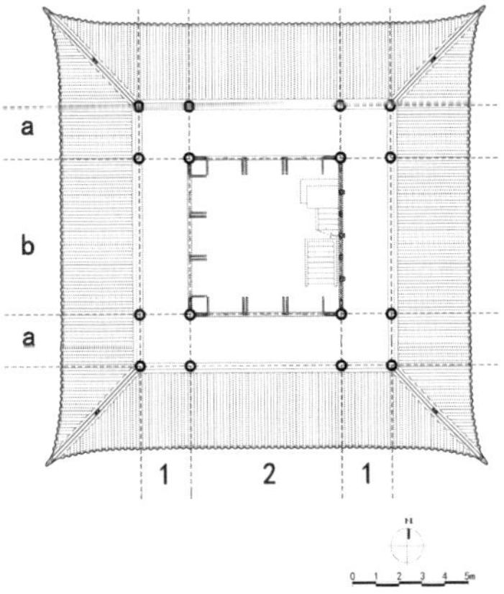

图 5-19　惠远钟鼓楼一层平面（左）

图 5-20　惠远钟鼓楼二层平面（右）

表 5-7 惠远钟鼓楼一层平面尺寸

开间编号	1	2	通面阔
尺寸（毫米）	2 750	4 700	10 200
尺寸（寸）	约 86	约 147	约 319
进深编号	a	b	通进深
尺寸（毫米）	2 750	4 700	10 200
尺寸（寸）	约 86	约 147	约 319

表 5-8 惠远钟鼓楼二层平面尺寸

开间编号	1	2	通面阔
尺寸（毫米）	1 150	4 700	7 000
尺寸（寸）	约 36	约 147	约 219
进深编号	a	b	通进深
尺寸（毫米）	1 150	4 700	7 000
尺寸（寸）	约 36	约 147	约 219

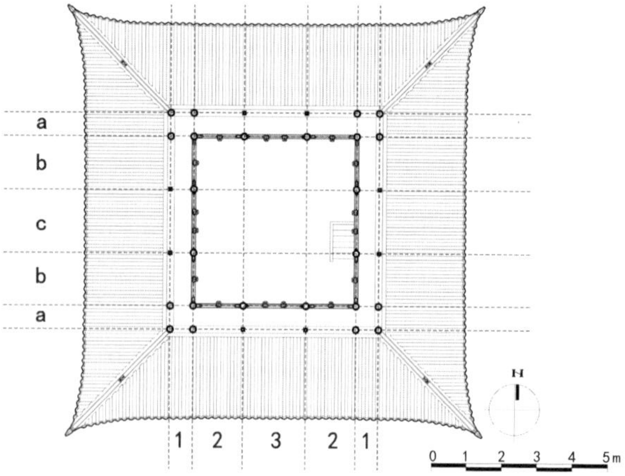

图 5-21 惠远钟鼓楼三层平面

表 5-9 惠远钟鼓楼三层平面尺寸表

开间编号	1	2	3	通面阔
尺寸（毫米）	650	1 460	1 780	6 000
尺寸（寸）	约 20	约 46	55	约 187
进深编号	a	b	c	通进深
尺寸（毫米）	650	1 460	1 780	6 000
尺寸（寸）	约 20	约 46	55	约 187

惠远钟鼓楼一二层平面的明间开间相同，均为 4.7 米，回廊所在的尽间尺寸逐渐减小，形成逐层收分的外观。三层平面柱网发生变化，在二层明间尺寸内，增加两根老檐柱，将原来的一开间变为三开间。

4. 拜图拉清真寺宣礼塔

拜图拉清真寺宣礼塔一层呈方形，面阔一开间，通面阔三开间，共 7.52 米；进深一间，通进深三间，共 11.3 米（图 5–22、表 5–10）。二层面阔三开间，通面阔五开间，共 7.47 米；进深三间，通进深五间，共 7.47 米（图 5–23、表 5–11）。三层为六边形平面，每边长 1.78 米（图 5–24）。

图 5–22　拜图拉清真寺宣礼塔一层平面（左）

图 5–23　拜图拉清真寺宣礼塔二层平面（右）

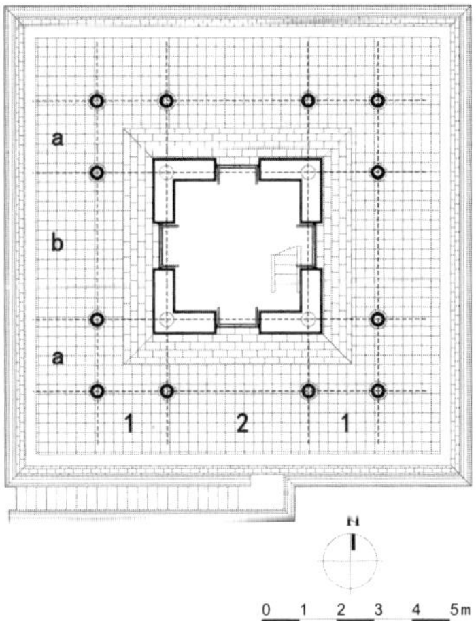

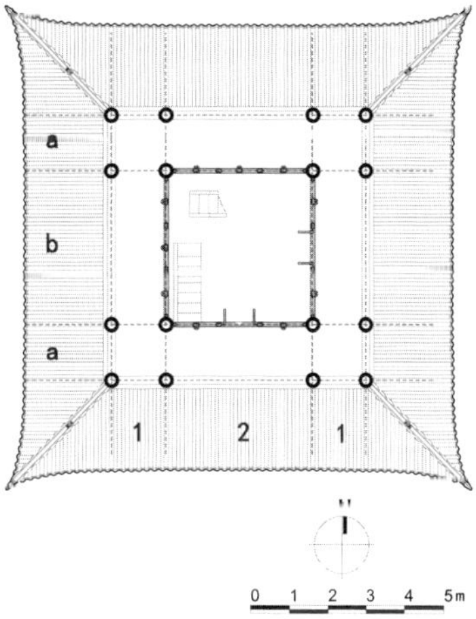

表 5–10　拜图拉清真寺宣礼塔一层平面尺寸

开间编号	1	2	通面阔
尺寸（毫米）	1 860	3 800	7 520
尺寸（寸）	约 58	约 119	约 235
进深编号	a	b	通进深
尺寸（毫米）	1 860	3 800	7 520
尺寸（寸）	约 58	约 119	约 235

表 5-11 拜图拉清真寺宣礼塔二层平面尺寸表

开间编号	1	2	通面阔
尺寸（毫米）	1 385	3 800	6 570
尺寸（寸）	约 43	约 119	约 205
进深编号	a	b	通进深
尺寸（毫米）	1 385	3 800	6 570
尺寸（寸）	约 43	约 119	约 205

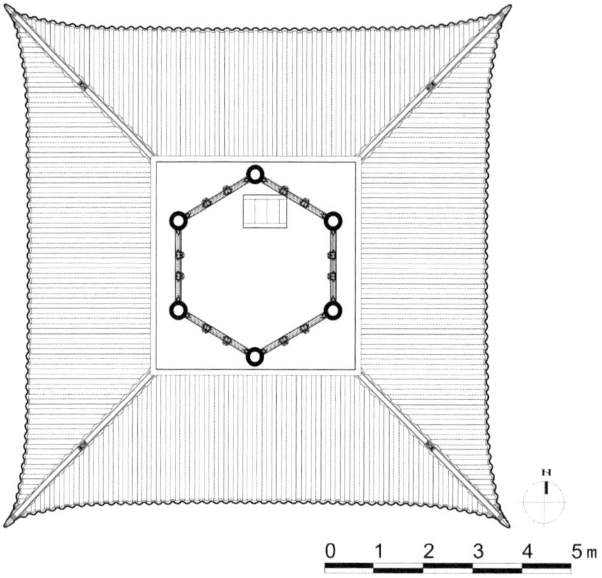

图 5-24 拜图拉清真寺宣礼塔三层平面

第三节 建筑构件尺度

一、“破间”模数

伊犁河谷传统建筑，多使用“花板代栱”取代斗栱。花板代栱中的“破间”（图 5-25）所在的位置即是官式斗栱中翘、昂所在的位置。据伊犁河谷当地工匠介绍，当地传统建筑普遍以“破间”尺寸为“祖”，建筑的柱径、柱高、梁厚、檩径等尺寸与其有一定的对应关系。破间的宽度在一定程度上起到了清代官式建筑中“斗口”的作用。清代斗口尺寸划分为“十一等材”，以控制建筑的用材等级，头等材对应尺寸为6寸，二等材为5.5寸，三等材到十一等材依次递减0.5寸，最小的十一等材为1寸（图5–26）。伊犁河谷现存传统建筑中，圣佑庙大殿、伊犁将军府凉亭的破间尺寸约为8厘米（合2.5寸）；靖远寺三世佛大殿、拜图拉清真寺宣礼塔、惠远钟鼓楼、伊宁陕西回族大寺宣礼塔及大殿的破间尺寸均约为6.5厘米（合2寸）；速檀·歪思汗麻扎的破间尺寸约为4.8厘米（合1.5寸）。圣佑庙大殿、伊犁将军府凉亭的破间宽度对应清代官式建筑的八等材；靖远寺大殿、拜图拉清真寺宣礼塔、惠远钟鼓楼，破间宽度对应清代官式建筑的九等材；速檀·歪思汗麻扎破间宽度对应清代官式建筑的十等材。（表5–12）。

图5–25　花板代栱中破间位置示意

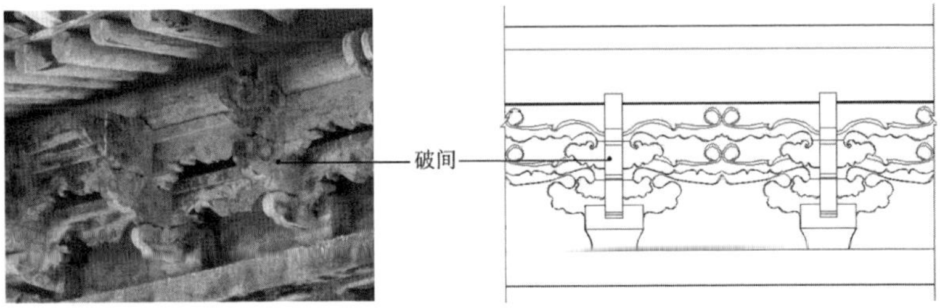

图5–26　清代建筑斗口的十一个等级

来源：根据马炳坚《中国古建筑木作营造技术》绘制

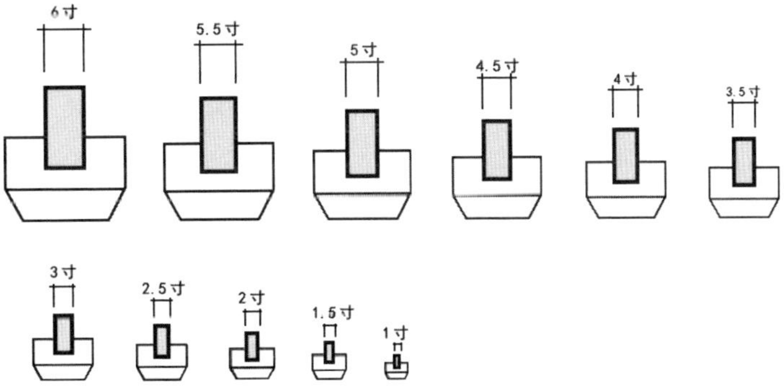

表 5–12 伊犁河谷传统建筑破间尺寸

建筑名称	面阔尺寸（厘米）	面阔尺寸（寸）	对应清代官式建筑材等
圣佑庙大殿	8	2.5	八等材
伊犁将军府凉亭	8	2.5	八等材
靖远寺大殿	6.5	2	九等材
拜图拉清真寺宣礼塔	6.5	2	九等材
惠远钟鼓楼	6.5	2	九等材
伊宁陕西回族大寺宣礼塔	6.5	2	九等材
伊宁陕西回族大寺大殿	6.5	2	九等材
速檀・歪思汗麻扎	4.8	1.5	十等材

二、尺寸权衡

将伊犁河谷传统建筑的代表性构件尺寸列表，选取不同破间尺寸的典型建筑进行分析，研究伊犁河谷传统建筑“破间”尺寸与建筑的柱径、柱高、梁厚、檩径等尺寸的对应关系，并与官式建筑相对应的用材尺寸进行对比①（表 5–13 至表 5–15）。

表 5–13 圣佑庙大殿构件尺寸权衡表

单位：破间，1 破间 =2.5 寸（8 厘米）						
类别	构架名称	位置	截面形式	高	宽 / 厚	直径
柱类	檐柱（带花板代栱）	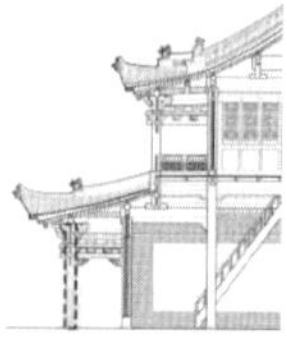	圆形	57.5（4 600毫米）	—	5（400毫米）
	金柱	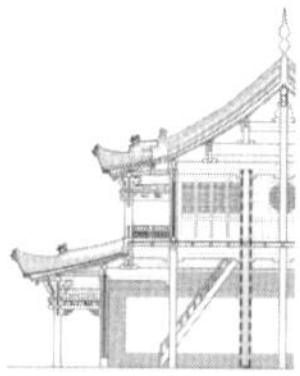	圆形	132（10 560毫米）	—	5（400毫米）

扫码看表格内彩图

① 官式尺寸数据来源于马炳坚的《中国古建筑木作营造技术》一书。

（续表）

单位：破间，1 破间 =2.5 寸（8 厘米）						
类别	构架名称	位置	截面形式	高	宽 / 厚	直径
柱类	中柱	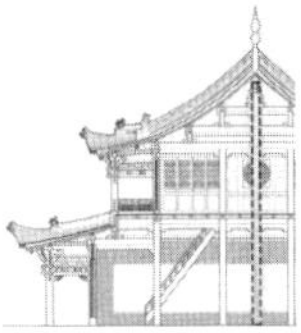	圆形	177（14 160毫米）	—	55（440毫米）
檩类	挑檐檩	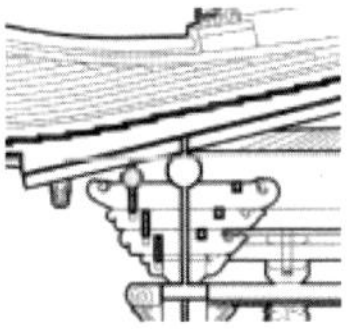	圆形	—	—	2.5（200毫米）
	正心檩	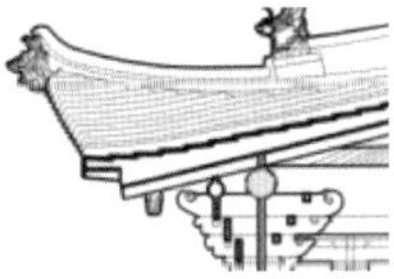	圆形	—	—	3.75（300毫米）
梁类	三步梁		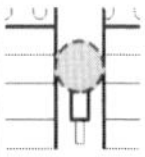	—	—	5（400毫米）
梁类	双步梁		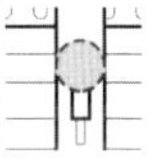	—	—	4.4（350毫米）
	单步梁		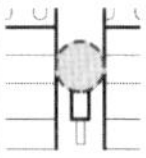	—	—	3.3（270毫米）
	桃尖梁	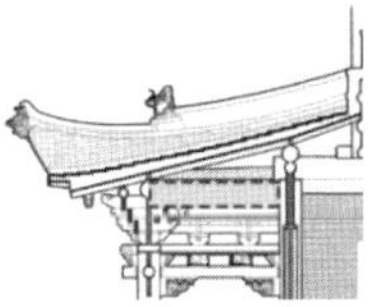	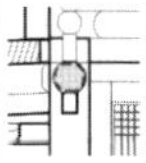	—	—	4（320毫米）

（续表）

单位：破间，1 破间 =2.5 寸（8 厘米）						
类别	构架名称	位置	截面形式	高	宽 / 厚	直径
枋类	随檩枋	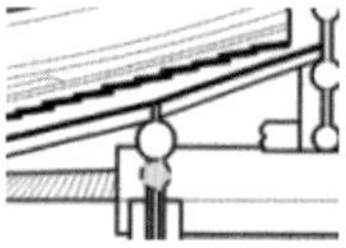	圆形	—	—	3.2（260毫米）
	平板枋	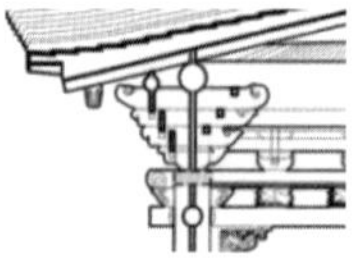	方形	1.5（120 毫米）	4.5（360 毫米）	—
椽类	檐椽	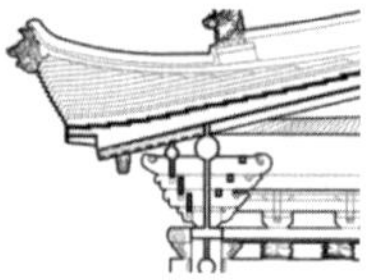	圆形	—	—	1.25（100毫米）
	飞椽	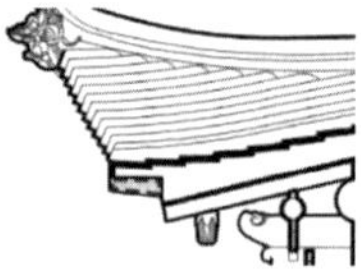	方形	1.25（100 毫米）	1.25（100 毫米）	—

表 5-14　拜图拉清真寺宣礼塔构件尺寸权衡表

单位：破间，1 破间 =2 寸（6.5 厘米）						
类别	构架名称	位置	截面形式	高	宽 / 厚	直径
柱类	檐柱（带花板代栱）	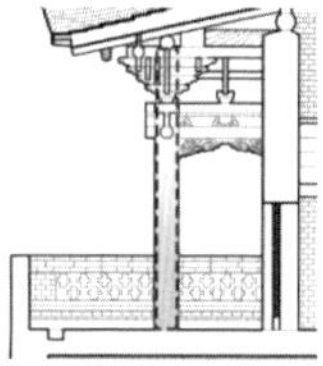	圆形	66（4 220毫米）	—	5.8（370 毫米）

（续表）

单位：破间，1 破间 =2 寸（6.5 厘米）						
类别	构架名称	位置	截面形式	高	宽 / 厚	直径
檩类	挑檐檩	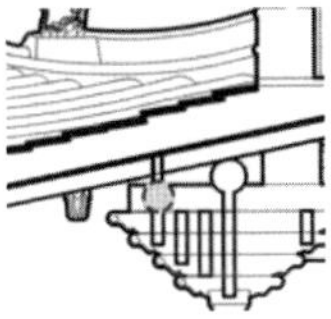	圆形	—	—	3（190 毫米）
	正心檩	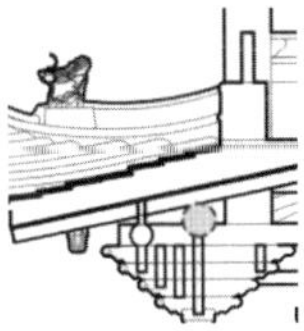	圆形	—	—	4（260 毫米）
梁类	桃尖梁	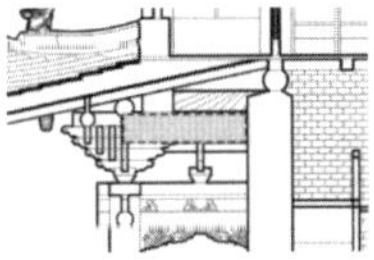	方形	5.8（370 毫米）	3（190 毫米）	—
枋类	随檩枋	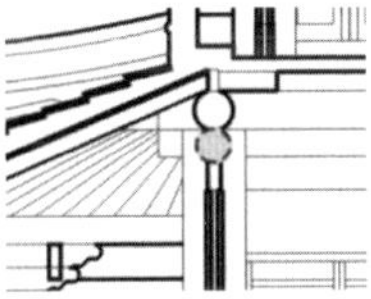	圆形	—	—	3.2（204 毫米）
枋类	平板枋	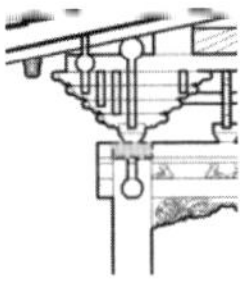	方形	2.3（150 毫米）	5.6（360 毫米）	—
椽类	檐椽		圆形	—	—	1.5（960 毫米）
	飞椽	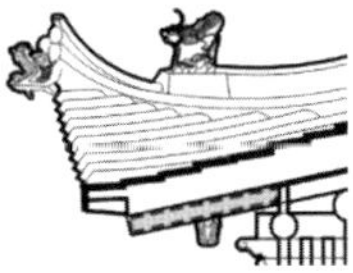	方形	1.5（960 毫米）	1.5（960 毫米）	—

表 5-15 速檀·歪思汗麻扎构件尺寸权衡表

单位：破间，1 破间 =1.5 寸（4.8 厘米）						
类别	构架名称	位置	截面形式	高	宽 / 厚	直径
柱类	檐柱	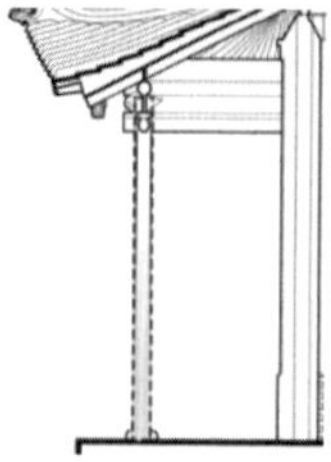	圆形	79（3 800 毫米）	—	3.5（170 毫米）
	金柱	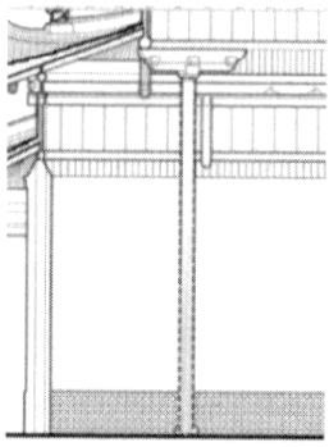	圆形	126.3（6 060 毫米）	—	5（240 毫米）
檩类	正心檩	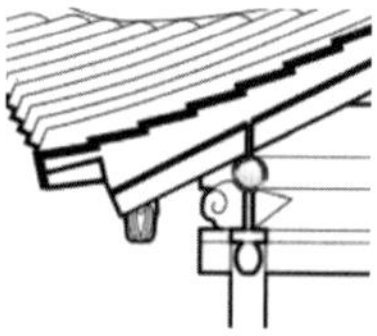	圆形	—	—	3.2（150 毫米）
梁类	桃尖梁	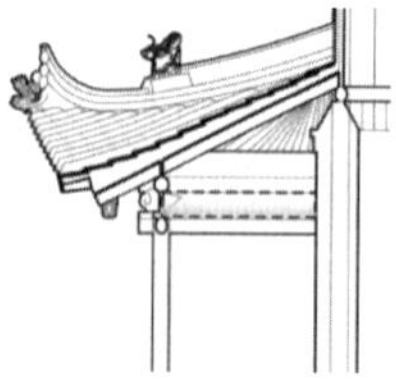	方形	5.3（254 毫米）	3.9（190毫米）	—
枋类	平板枋	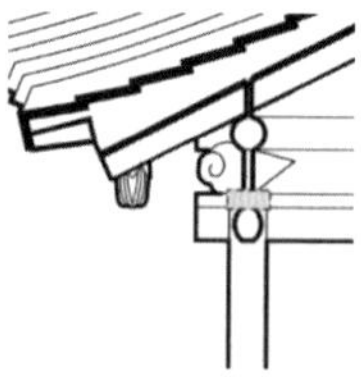	方形	1.4（670 毫米）	3.5（168毫米）	—

（续表）

单位：破间，1破间=1.5寸（4.8厘米）						
类别	构架名称	位置	截面形式	高	宽/厚	直径
椽类	檐椽	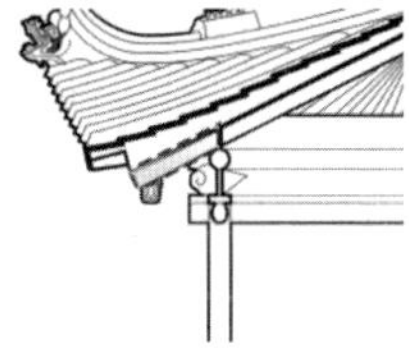	圆形	—	—	1.6（80毫米）
	飞椽	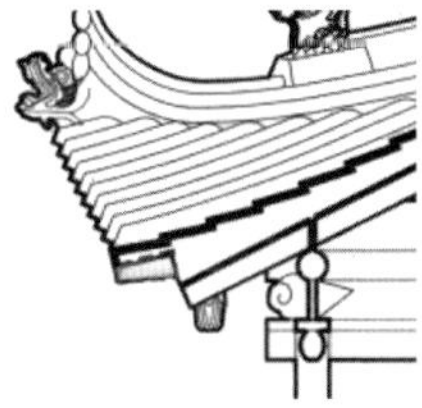	方形	1.6（80毫米）	1.6（80毫米）	—

通过对上述构件尺寸数据进行分析整理，可以得出以下结论。

（1）伊犁河谷传统建筑（带有花板代栱）的各构件尺寸与破间尺寸存在一定的对应关系。破间宽度与官式建筑“斗口”的作用相同，控制了整个建筑的用材大小，但构件用材尺寸不似官式建筑那样严格遵循“斗口”的模数权衡。如惠远钟鼓楼、拜图拉清真寺宣礼塔、靖远寺三世佛大殿、伊宁陕西回族大寺宣礼塔这四座建筑，破间尺寸相同，为6.5厘米（合2寸），除了梁的尺寸外，檐柱径、檐柱高、檩径、椽径等构件尺寸都与破间具有一定的对应关系。

（2）伊犁河谷传统建筑构件尺寸相较于官式建筑构件的用材尺寸总体偏小。清朝官式大式建筑中，檐柱高为70斗口、檐柱径为6斗口、挑檐檩径为3斗口、其他檩径为4~4.5斗口、桃尖梁厚为6斗口。圣佑庙的檐柱高为57.5破间宽、檐柱径为5破间宽、挑檐檩径为 2.5 破间宽、其他檩径为 3.75 破间宽、桃尖梁厚为 5 破间宽；速檀·歪思汗麻扎檐柱高为 79 破间宽、檐柱径为 3.5 破间宽、檩径约 4 破间宽、桃尖梁厚约 4 破间宽；相较于清代官式建筑构件用料较少。

（3）伊犁河谷传统建筑构件用料灵活。如圣佑庙大殿二层梁架，由于建筑进深跨度较大，在原本七架梁的位置施用两个三步梁，原本五架梁的位置施用两个双步梁，原本三架梁的位置施用两个单步梁。梁在建筑中随檩枋、梁身的截面呈圆形，保持了木材原有截面形状。

伊犁河谷传统建筑在不断应用、积累、传承过程中，某些尺寸会被频繁地使用，形成了通用设计做法。将建筑开间尺寸、构件尺寸进行归纳整理如下（表 5-16）。

表 5-16 伊犁河谷传统建筑开间尺寸及构件尺寸

	部位及构件名称	尺寸数值（毫米）	备注
平面	明间（面阔）	3 800~4 700	两个破间将明间等分为三份，每份宽度约为 1.3~1.6 米
	次间（面阔）	3 500~3 900	一个或两个破间将明间等分为两份或三份，每份宽度约为 1.1~1.3 米
梁类	抱头梁（宽）	约 190	抱头梁截面近似圆形（直径为 0.32 米）
	抱头梁（高）	260~350	
	大梁（高）	约 450	圣佑庙大殿的大梁截面近似圆形，三梁直径为 0.4 米
	大梁（宽）	约 410	
	二梁（五架梁）（高）	约 350	
	三梁（三架梁）（高）	约 300	

（续表）

	部位及构件名称	尺寸数值（毫米）	备注
柱类	檐柱（直径）	300~400	速檀・歪思汗麻扎为 1.7 米
	金柱（直径）	240~400	有些建筑金柱直径大于檐柱
	中柱（直径）	约 440	—
檩类	挑檐檩（直径）	190~200	挑檐檩的檩径小于正心檩
	正心檩（直径）	150~300	
枋类	平板枋（宽）	约 360	—
	平板枋（高）	70~150	—
	随檩枋（直径）	170~250	多为正心檩直径的 0.8 倍
椽类	飞椽（椽头）	60~80	—
	飞椽（椽尾）	80~100	—
	檐椽（直径）	80~100	—
花板代栱	破间（宽）	48~80	—
	花板（厚）	约 60	—

第六章　伊犁河谷传统建筑营造做法

伊犁河谷传统建筑的营造技术受到当地域自然条件、文化传统的显著制约，体现着传统建筑自身的结构逻辑，本章从气候环境、地质条件、装饰审美等方面，探究不同因素对伊犁河谷传统建筑营造做法的影响。

第一节　气候环境影响下的营造做法

一、屋顶举架

伊犁河谷属于温带大陆性气候，区域年平均降水量为200~500毫米（全国平均年降水量为600毫米）。由于年均降水量较少，伊犁河谷的民居通常采用平屋顶。民居建设时就地取材，常用生土作为屋面材料，个别民居还会在生土上再铺设砖材屋面（图6-1）。“彼中屋舍，除王府外，概不起脊。凡作室，先以砖块砌成四面，或用版筑，皆粉饰整齐，然后架木于墙以承椽，用芨芨草编席铺之，覆泥于上，积厚五六寸，精者再磨以砖蒙之，否则泥涂而已。”①体量较大的公共建筑，则多采用汉式大木结构做法。清代官式建

① 清朝肖雄曾经奉差多次入疆，深入维吾尔族居住地，对当地民居进行深入研究，并作诗《屋宇》，对新疆平屋顶民居的形态及做法进行描述。

图 6–1　1910 年的伊犁民居
来源：莫理循 摄

筑屋顶檐步举架多为五举或四五举，脊步不超过十举，其他步的举架多为六五举、七五举均匀过渡。由于降水量较少，不需要陡峭的屋顶进行大量快速排水，伊犁河谷传统建筑的檐步举架普遍低于四五举，因此伊犁河谷传统建筑屋顶举架通常较为和缓，檐口平直呈现出“檐如平川”① 的特点，仅在翼角处有较大的起翘（图 6–2，表 6–1）。

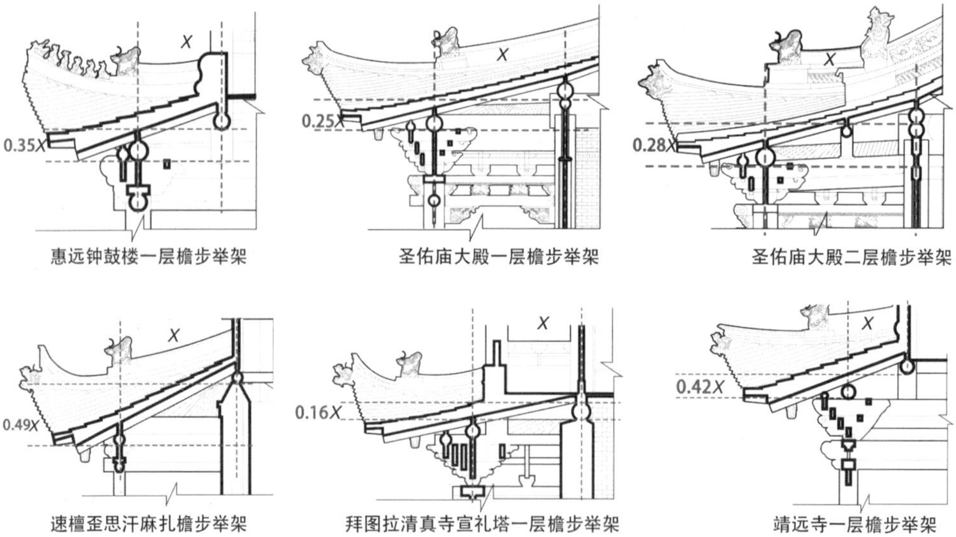

图 6–2　伊犁河谷部分建筑檐部举架示意

① “檐如平川”的说法，形象地说明了檐口举架较小、檐部曲线平缓。

表 6-1　伊犁河谷部分大木建筑檐步举架统计表

建筑位置	惠远钟鼓楼	圣佑庙大殿	速檀·歪思汗麻扎	拜图拉清真寺宣礼塔	靖远寺三世佛大殿	圣佑庙法舞殿	伊宁陕西回族大寺宣礼塔
檐步举架	一层 0.35X 二层 0.27X 三层 0.28X	一层 0.26X 二层 0.28X	0.49	一层 0.16X 二层 0.39X 三层 0.53X	一层 0.4X 二层 0.43X	0.26	一层 0.17X 二层 0.4X 三层 0.5X

二、翼角结角

伊犁河谷传统建筑翼角处起翘较大，翼角的结角处多用隐角梁。隐角梁是搭置在老角梁后部上方的角梁，由于老角梁近乎平直地插入搭交金檩的下端，需要一个带有斜度的老角梁来找坡并承接翼角处椽子的后尾（图 6-3）。隐角梁的找坡形式有两种，一种是通过调整隐角梁倾斜角度进行找坡，利用此种找坡做法所形成的翼角坡度较大，如速檀·歪思汗麻扎即是采用此种方法。另一种是通过改变隐角梁的形状进行找坡（图 6-4），可以使得翼角起翘非常平缓，此种做法的隐角梁竖截面近似直角三角形，底部

图 6-3　隐角梁调整角度找坡方式示意

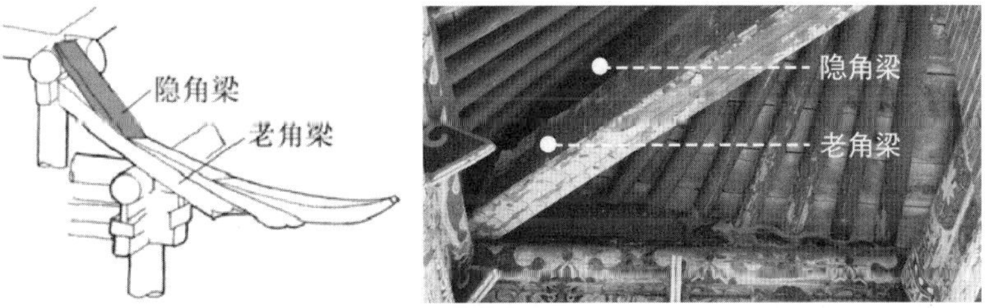

图 6-4　隐角梁改变形状找坡方式示意

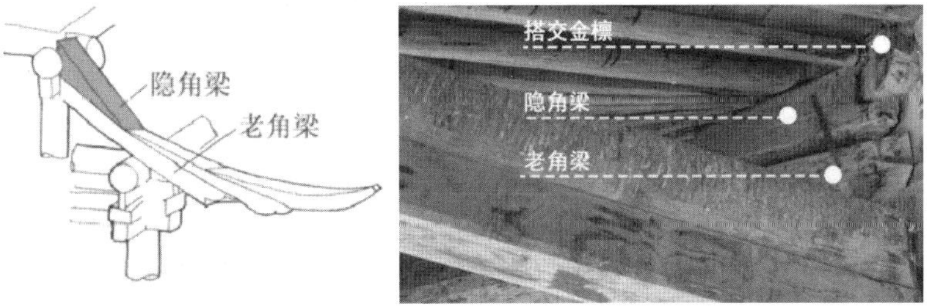

靠近老角梁的一侧直接搭置在老角梁上，几乎与老角梁上皮平行，另一侧根据所需坡度来找坡。隐角梁的一端搭置在搭交金檩上，另一端多位于老角梁的中间位置。

三、飞椽做法

伊犁河谷传统建筑的飞椽两侧及底部三面通常都做有收分，看起来像鸽子后尾一样向上翘起，当地称之为“博鸽头”。飞椽三面收分的做法减弱了平缓檐口带来的沉重呆板的感受，让檐下看起来更加轻盈（图 6–5）。

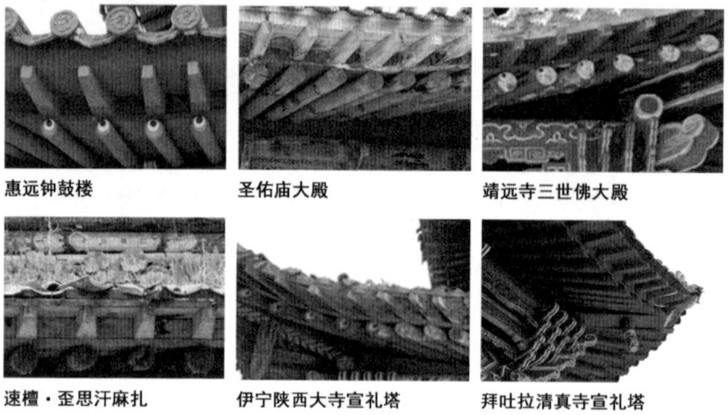

图 6–5 伊犁河谷传统建筑飞椽构件

四、仔角梁做法

人们自古便追求建筑屋顶“如鸟斯革，如翚斯飞”[①] 的审美意境，翼角起翘处常是传统建筑重点装饰的部位。伊犁河谷传统建筑檐部平缓，仅在翼角处有较大起翘。由于老角梁平直，需要依靠仔角梁完成翼角起翘。将仔角梁做成弧腹状，可以起翘较大且节省木料[②]，同时，上翘的弧腹仔角梁在平缓檐口的衬托下极具向上的动感与美感。

① 出自《诗经・小雅・斯干》。

② 邓禧，曹磊，李江．新疆清代传统建筑特色研究：花板踩与弧腹仔角梁 [J]. 沈阳建筑大学学报（社会科学版），2007（2）：150-153.

弧腹仔角梁搭置在老角梁上呈弧形向上起翘，弧腹仔角梁的安装做法主要有以下两种形式：一种形式是弧腹仔角梁的后尾落在老角梁中段用隐角梁固定，前端做套兽榫安装套兽，弧腹仔角梁和老角梁之间由销子连接，销子穿出老角梁下皮（图 6–6）；另一种形式是弧腹仔角梁坐落在结刻①上，结刻的后尾落在老角梁中段用隐角梁固定，老角梁头和结刻一般雕刻成龙头形状，结刻和弧腹仔角梁之间用类似垂莲柱的销子连接，这种做法又称“吊花引龙”（图 6–7）。

图 6–6　弧腹仔角梁直接搭置在老角梁上的结角做法

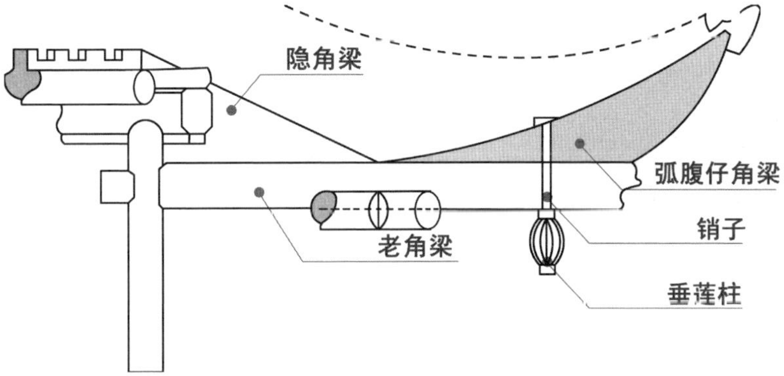

图 6–7　弧腹仔角梁搭置在结刻上的结角做法

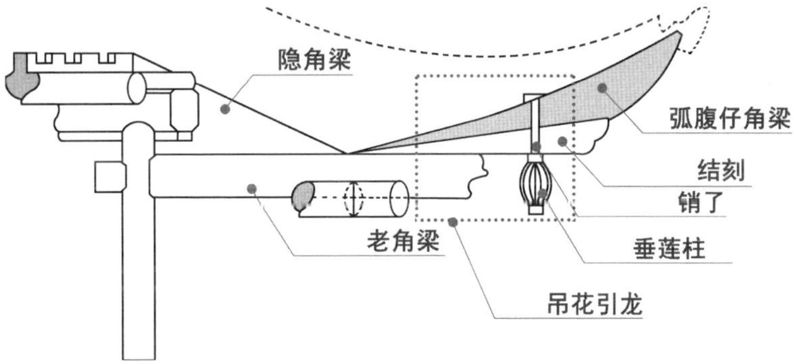

圣佑庙大殿一层的弧腹仔角梁采用的是“吊花引龙”的做法。在老角梁平直的状态下，弧腹仔角梁向外伸出，并完成翼角的起翘，结刻的加入使得翼角起翘更为显著（图 6–8）。二层的翼角做法与一层相似，但没有结刻，仅靠仔角梁几近于直线的弧腹向上完成

① 结刻是位于仔角梁和老角梁之间的构件。

起翘（图 6–9）。

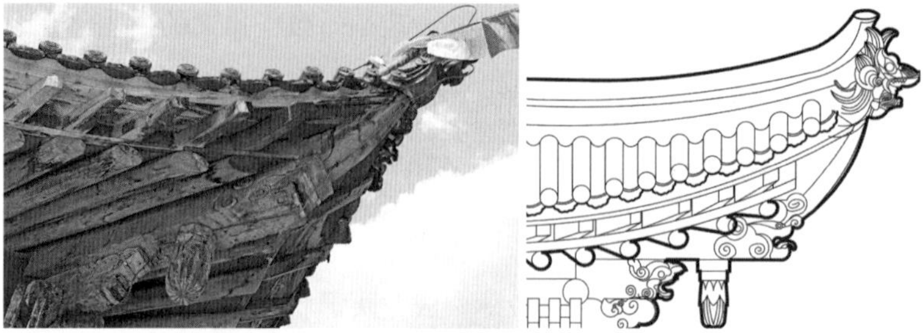

图 6–8　圣佑庙大殿一层弧腹仔角梁“吊花引龙”做法

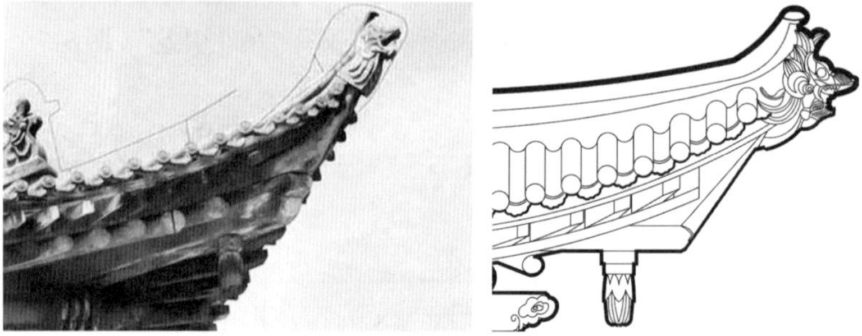

图 6–9　圣佑庙大殿二层弧腹仔角梁做法

速檀·歪思汗麻扎、拜图拉清真寺宣礼塔、惠远钟鼓楼、靖远寺三世佛大殿的檐口同样十分平缓，老角梁平直，弧腹仔角梁完成翼角冲出，均与圣佑庙二层仔角梁做法相同。但它们的截面尺寸大小不一，速檀·歪思汗麻扎（图 6–10）、拜图拉清真寺宣礼塔（图 6–11）的弧腹仔角梁用材较小，截面尺寸仅比椽子略大一些；而惠远钟鼓楼（图 6–12）和靖远寺三世佛大殿（图 6–13）的弧腹仔角梁用材较大，其截面尺寸和角梁的尺寸相差不大。

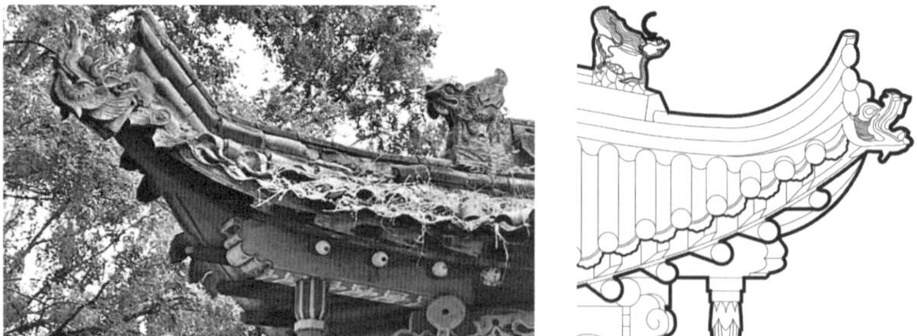

图 6–10　速檀·歪思汗麻扎弧腹仔角梁做法

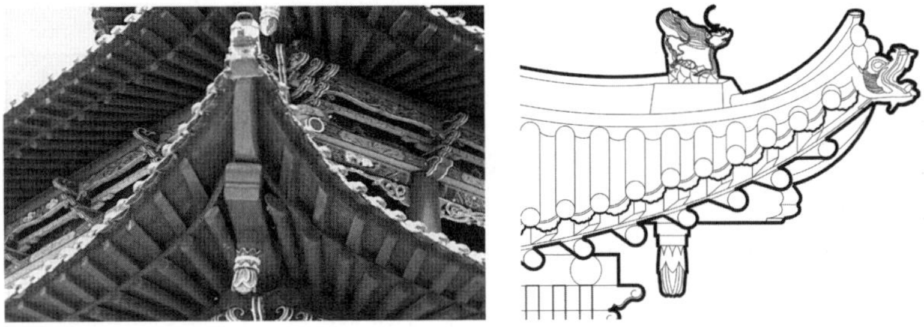

图 6–11　拜图拉清真寺宣礼塔弧腹仔角梁做法

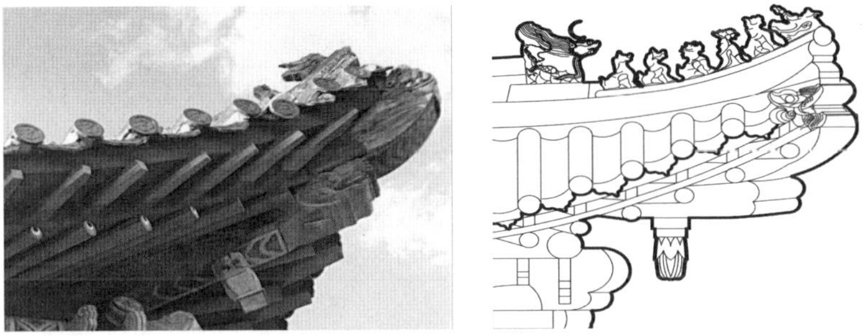

图 6–12　惠远钟鼓楼弧腹仔角梁做法

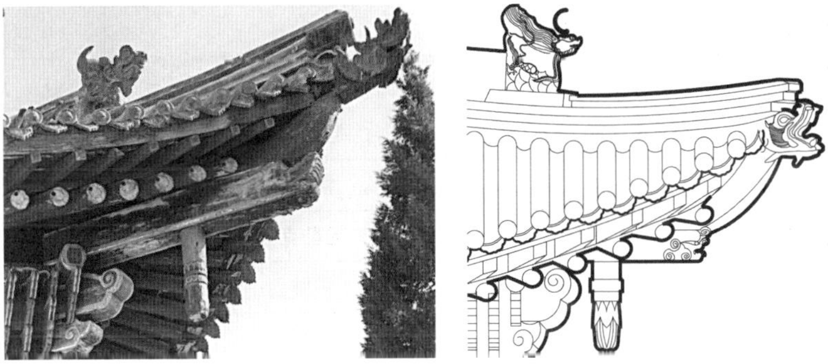

图 6–13　靖远寺三世佛大殿弧腹仔角梁做法

第二节　地质条件影响下的营造做法

伊犁河谷地区的诸多地质条件中，对建筑影响最大的因素是地震灾害。虽然历史上伊犁河谷的震害记载较少，但仅从近十年来的数据看，伊犁河谷共发生地震 70 余次，其中震级在 4 级以上的有 14 次，震级在 6 级以上的有 2 次，大震不多，小震频繁（表 6–2）。

表 6–2 伊犁河谷 2010 年 1 月—2019 年 12 月地震统计表

序号	时间	地点	震级
1	2019 年 12 月 30 日	新源县	3.4
2	2019 年 12 月 28 日	新源县	3.1
3	2019 年 9 月 7 日	尼勒克县	3.0
4	2019 年 6 月 29 日	特克斯县	3.1
5	2019 年 4 月 14 日	霍城县	4.3
6	2019 年 2 月 22 日	巩留县	3.4
7	2019 年 1 月 4 日	昭苏县	3.1
8	2018 年 12 月 27 日	特克斯县	3.8
9	2018 年 11 月 8 日	尼勒克县	3.7
10	2018 年 10 月 21 日	尼勒克县	3.3
11	2018 年 9 月 19 日	巩留县	3.3
12	2018 年 8 月 31 日	巩留县	3.3
13	2018 年 8 月 27 日	新源县	3.0
14	2018 年 7 月 10 日	昭苏县	3.1
15	2018 年 6 月 9 日	尼勒克县	3.3
16	2018 年 2 月 15 日	伊宁县	3.9
17	2018 年 1 月 18 日	尼勒克县	4.2
18	2017 年 12 月 16 日	霍城县	3.4
19	2017 年 11 月 8 日	新源县	3.1
20	2017 年 11 月 7 日	特克斯县	3.2
21	2017 年 10 月 20 日	尼勒克县	3.2
22	2017 年 8 月 9 日	尼勒克县	3.0
23	2017 年 6 月 6 日	巩留县	3.0
24	2017 年 5 月 4 日	尼勒克县	3.0
25	2017 年 3 月 10 日	尼勒克县	3.2
26	2017 年 3 月 2 日	伊宁县	3.1
27	2016 年 9 月 16 日	巩留县	3.0
28	2016 年 1 月 12 日	尼勒克县	3.4

（续表）

序号	时间	地点	震级
29	2016 年 1 月 4 日	新源县	4.6
30	2015 年 9 月 2 日	伊宁县	3.1
31	2015 年 2 月 13 日	尼勒克县	3.0
32	2015 年 1 月 22 日	尼勒克县	4.2
33	2015 年 1 月 12 日	巩留县	3.4
34	2014 年 12 月 22 日	昭苏县	3.0
35	2014 年 11 月 9 日	尼勒克县	3.8
36	2014 年 8 月 2 日	霍城县	3.0
37	2014 年 7 月 27 日	特克斯县	3.1
38	2014 年 6 月 18 日	巩留县	3.0
39	2014 年 6 月 13 日	新源县	3.0
40	2014 年 4 月 17 日	新源县	3.0
41	2014 年 4 月 4 日	霍城县	3.0
42	2014 年 2 月 19 日	新源县	3.1
43	2013 年 12 月 26 日	巩留县	2.8
44	2013 年 12 月 12 日	伊宁县	3.7
45	2013 年 9 月 24 日	霍城县	3.4
46	2013 年 9 月 17 日	尼勒克县	4.0
47	2013 年 9 月 5 日	新源县、尼勒克县交界处	3.1
48	2013 年 8 月 31 日	伊宁县、伊宁县霍城县交界处	3.7
49	2013 年 8 月 4 日	伊宁县	4.0
50	2013 年 8 月 3 日	尼勒克县	4.6
51	2013 年 7 月 8 日	尼勒克县	3.4
52	2013 年 5 月 20 日	尼勒克县	3.4
53	2013 年 2 月 7 日	尼勒克县、伊宁县交界处	3.4
54	2013 年 1 月 15 日	察布查尔县、昭苏县交界处	4.1
55	2012 年 3 月 26 日	新源县	3.2
56	2012 年 1 月 6 日	尼勒克县、新源县交界处	3.2
57	2012 年 1 月 5 日	尼勒克县、新源县交界处	3.0

（续表）

序号	时间	地点	震级
58	2012 年 9 月 5 日	尼勒克县、巩留县交界处	4.7
59	2012 年 9 月 1 日	新源县	4.3
60	2012 年 8 月 11 日	巩留县	3.0
61	2012 年 7 月 21 日	新源县	4.2
62	2012 年 7 月 13	尼勒克县、新源县交界处	3.6
63	2012 年 7 月 2 日	尼勒克	4.2
64	2012 年 6 月 30 日	新源县、巴音郭楞和静县交界处	6.6
65	2012 年 6 月 10 日	伊宁县、巩留县、尼勒克县交界处	3.0
66	2012 年 5 月 28 日	特克斯县	3.8
67	2012 年 5 月 23 日	尼勒克县	3.9
68	2012 年 5 月 5 日	伊宁县、巩留县、尼勒克县交界处	3.2
69	2011 年 11 月 1 日	伊宁县、巩留县交界处	6.0
70	2010 年 12 月 1 日	伊宁县	3.1

注：黑体标注为 4 级以上地震
来源：根据地震网信息统计编制

地震灾害会引起地基不均匀沉降，导致传统建筑节点脱榫、构件破坏，因此伊犁河谷传统建筑对稳定性和整体性有着较高的要求。在构造做法中多采用本地特殊的拉结构件，如椽扣、柱牵子、纵长的花板等，以增强构件之间的紧密联系。

一、椽扣

椽扣是一个截面为矩形的长条形构件，位于举架转折处的檩条上，与檩等长，承接椽子。椽扣的高度略高于椽径，上皮的前后两侧，按照椽子之间的中心间距对称刻有燕尾榫槽，通过榫卯结构将尽端刻有燕尾榫的椽子紧紧“扣住”，将原本分散的椽子彼此相连，形成一个以椽扣为核心，类似“鱼骨”的整体。由于各个椽子的尽端被固定在椽扣上，减少了椽头的错位，屋架椽子形成一个整体，共同受力，所以整个结构更加稳定。屋顶所承受的荷载也因为椽扣的存在，可以垂直分散到各条檩上，让檩的受力也更加均衡（图 6-14）。

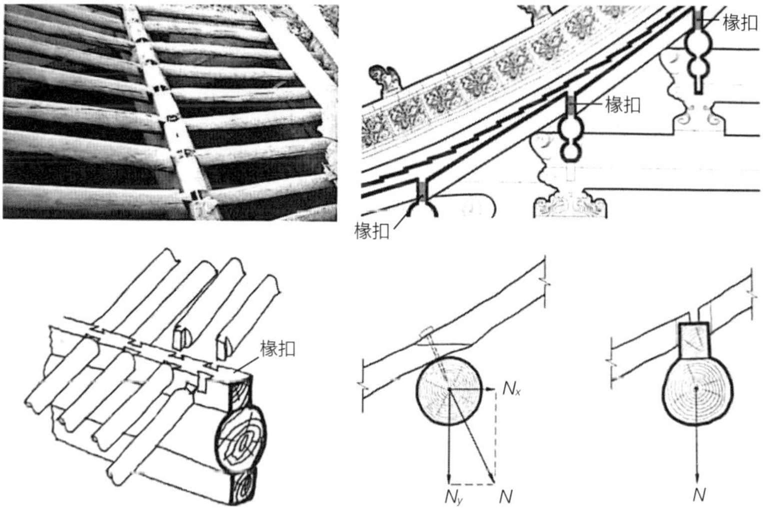

图 6-14 椽扣做法及受力分析

伊犁河谷夹在南、北天山两条地震带中间，地域范围内还存在多条断裂带，椽扣的使用更好地提高了本地建筑的整体性，在不同民族的传统建筑中均有所体现,无论是回族的伊宁陕西大寺(图 6-15）还是蒙古族的昭苏圣佑庙（图 6-16），都使用了椽扣。从更大的区域来看，西北地区的地震带是施用椽扣建筑的集中分布区域，常见于甘肃、青海、新疆、宁夏等地的传统建筑中。

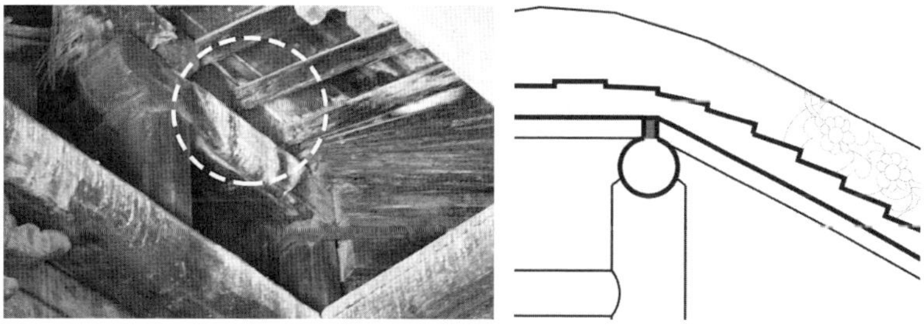

图 6-15 伊宁陕西回族大寺大殿椽扣使用示意

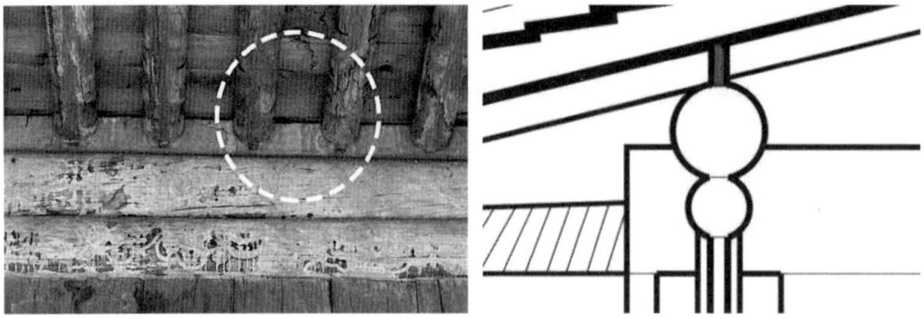

图 6-16 圣佑庙大殿一层椽扣使用示意

二、柱牵子

伊犁河谷传统建筑多用“柱牵子”构件（图 6-17）。柱牵子的具体位置在檐柱和老檐柱之间，檐柱的顶端，上皮与平板枋上皮等高。一端做通榫，插入金柱中；另一端伸出檐柱，刻出形状进行装饰。在靠近檐柱的一端两侧做燕尾榫并与平板枋卯接在一起，下皮做榫嵌入檐柱柱顶。在进深方向联系檐柱和老檐柱，在面阔方向联系平板枋，以增强建筑的整体性。

图 6-17 伊犁河谷传统建筑柱牵子的施用

靖远寺三世佛大殿一层柱牵子

靖远寺三世佛大殿二层柱牵子

伊宁陕西大寺宣礼塔柱牵子

速檀歪思汗麻扎柱牵子

拜图拉清真寺宣礼塔柱牵子

惠远钟鼓楼柱牵子

柱牵子所在的位置和作用与官式建筑中的穿插枋相似，都是位于檐柱和老檐柱之间的拉结构件，但具体做法及搭置方式与穿插枋仍有不同。穿插枋所在的位置在檐柱和老檐柱之间，抱头梁的下方，施用的位置不像柱牵子那样靠近檐柱顶端，与柱顶仍有一定距离。而柱牵子相较于穿插枋，柱与柱之间的联系更加紧密（图 6–18 至图 6–19）。

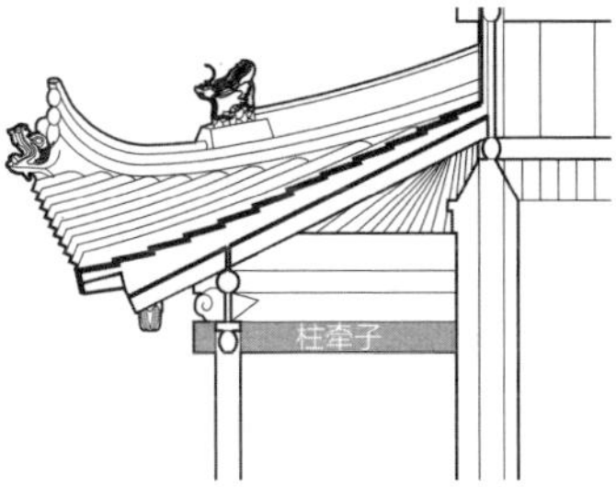

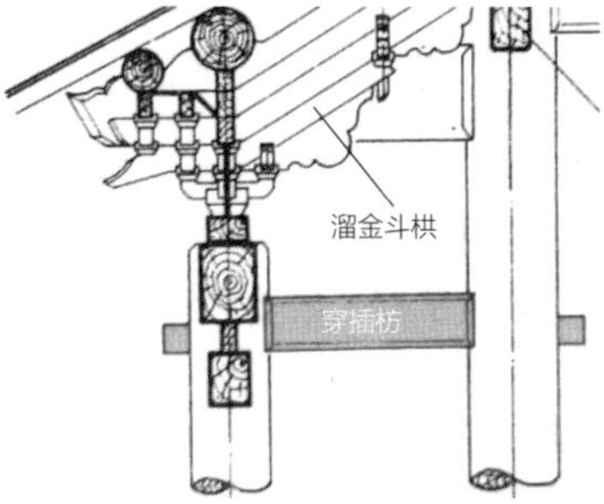

图 6–18 柱牵子示意（左）

图 6–19 穿插枋示意（右）

来源：马炳坚《中国古建筑木作营造技术》

三、抹角梁

伊犁河谷传统建筑在柱网发生变化或需要平面转换的地方多采用抹角梁支撑楼阁上层结构及屋顶，起到增强房屋角部力量的作用（图 6–20）。抹角梁一般搭置在正身梁架上，从平面上看与正身梁架形成三角形充当斜边，起到结构转换作用。当楼阁

图 6–20 抹角梁在伊犁河谷传统建筑中的使用（拜图拉清真寺宣礼塔）

建筑上下两层柱网不一致时，可以通过抹角梁支撑起上部檐柱的柱根。

抹角梁的支撑有两种形式：第一种形式是上层结构的柱子直接落在抹角梁上，在平面形状发生变换的拜图拉清真寺宣礼塔和伊宁陕西回族大寺宣礼塔中均有应用；另一种形式是以抹角梁充当支点，利用“杠杆原理”悬挑支撑起平直的角梁后尾，让其后尾插入垂莲柱中，一同支撑起上层的檩枋（梁）结构，如速檀·歪思汗麻扎的抹角梁（图 6-21）。

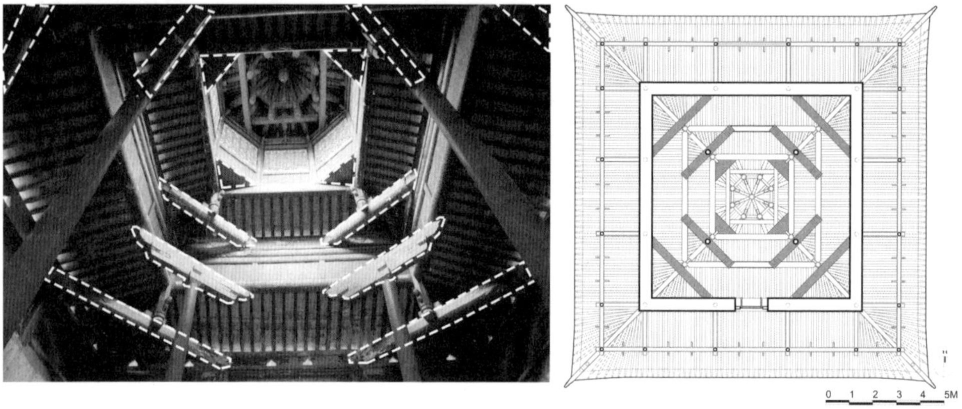

图 6-21　速檀·歪思汗麻扎内部抹角梁做法

抹角梁的优点有许多。首先，三角形的梁架体系稳定性优良，抹角梁的应力集中于梁身的中部，而两端施加的支座反力大小相同，因此屋角的整体刚度较强①；其次，梁架两端工艺做法相同，施工便捷；再次，抹角梁的适应性极强，不仅适用于矩形平面中的无廊平面、前廊后无廊平面、前后廊平面、单开间平面、中柱平面等（图 6-22），也适用于八边形平面、六边形平面、矩形与多边形平面形状之间的转换。

① 李江，杨菁．敦煌莫高窟九层楼屋顶结构探析 [J]. 敦煌研究，2016（3）：124-131.

图 6-22　抹角梁适用平面

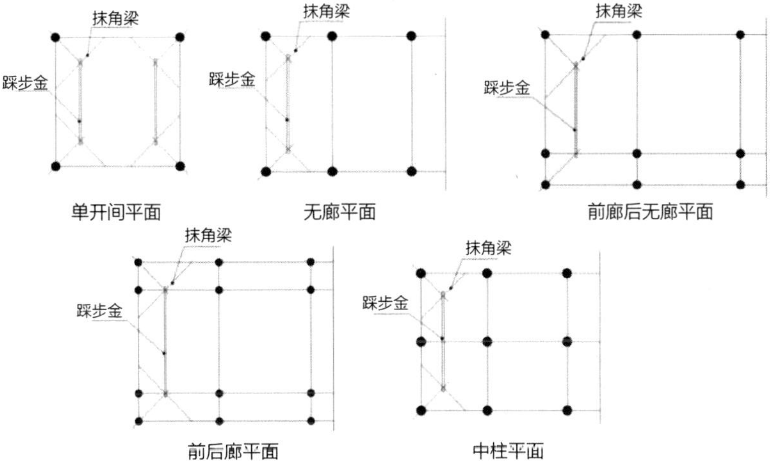

第三节　装饰审美影响下的营造做法

众多民族共同生活于伊犁河谷，他们有着悠久的装饰艺术传统，其中建筑装饰能够体现不同民族的审美、信仰和价值观等，是一个民族重要的文化符号与典型的识别特征。维吾尔族的装饰图案以伊斯兰教装饰艺术为主导，纹样的主题多取材于自然，将自然中的事物抽象提炼成卷草纹、花卷纹、禽鸟纹、昆虫纹等形态各异的纹样。回族装饰图案也以植物纹样、几何纹样及经文纹样为主，回族由于长期与汉族杂居，因而常在装饰中加入汉族的梅、兰、竹、菊、松、月等主题纹样。蒙古族常用植物图案、动物图案、几何纹样，在宗教建筑中常施用龙纹、藏八宝，民居中常用贴近生活的花卉、石榴等纹样。锡伯族常用辟邪去灾、吉祥如意的图案进行装饰，如貔貅、蝙蝠等，也常将小说、民间故事的内容绘做彩画进行装饰。满族装饰纹样多以动物纹样为主，常用兽面、狗、龙、蝙蝠、鹤等进行装饰，也有莲花纹、卷草纹等的植物纹样以及几何纹样等。

虽然不同民族有着不同的喜好纹样及装饰做法，但在伊犁河谷区域内，由于受到自然环境及汉地文化的共同影响，不同民族的传统建筑则有着相对一致的装饰做法，最具代表性的便是檐下的花板代栱。

伊犁河谷花板代栱的做法来源于邻近的甘青地区，乾隆年间，清政府平定准噶尔部后，从甘肃多地迁移兵民至伊犁河谷，当地的传统建筑工艺也被带到了这里。花板代栱的形成原因较为多元，在斗栱的基础上，根据当地特殊的地质条件、气候环境、经济状况等因素，融入符合当地审美的装饰传统，进行了富有成效的再创造（图 6–23）。

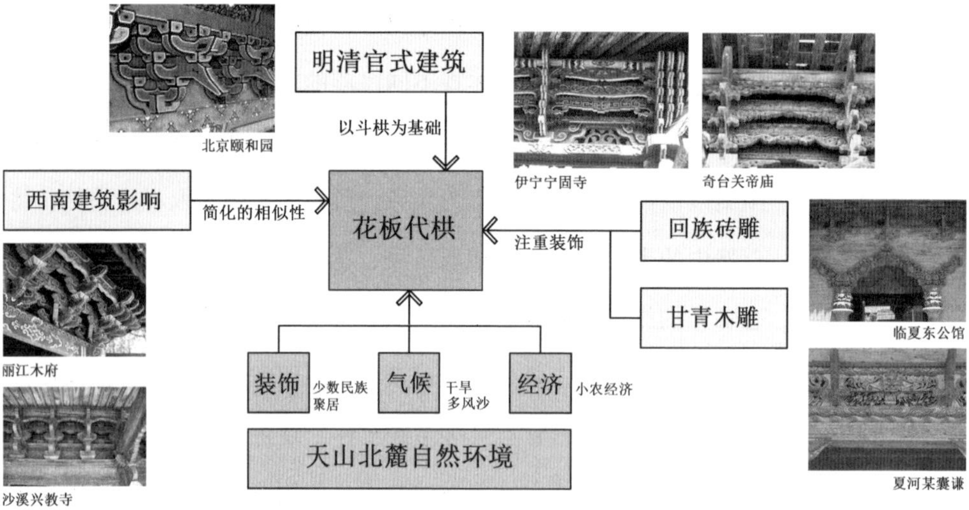

图 6–23 花板代栱形成影响示意

花板代栱主要包含了三种构件：花板、破间、燕切子（图 6–24）。它们与官式建筑的斗栱有着一定的对应关系，花板是斗栱中横栱的变形，将相邻的多个横栱用一块完整的木板形成一个整体；破间所在的位置相当于斗栱中的翘，对较长的花板进行一

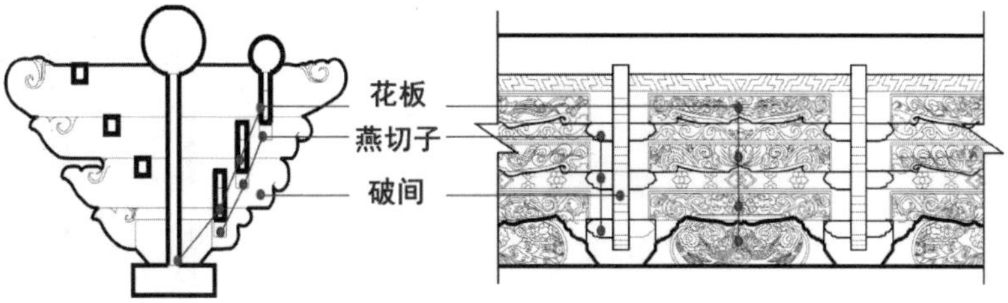

图 6-24　花板代棋组成示意
来源：作者在对圣佑庙大殿明间花板代棋现场测绘的基础上绘制

个竖向的分割，且将多个出跳的花板像卡扣一样连接成一体；燕切子是破间两侧的横向构件，其上支撑花板，作用接近雀替，缩短花板的简支长度。伊犁河谷传统建筑中有些花板代棋有坐斗，有些则无；不同建筑的花板代棋出踩数量也不尽相同，一般外拽出踩较多，出二到三踩不等；里拽出踩时，构件截面为方形的木条；也有建筑不出踩，此种做法称为“破间踩”（图 6-25）。

花板代棋的形成并不是一蹴而就的，它经历了“由简到繁，再由繁到简”的漫长演变过程。伊犁河谷传统建筑中的花板代棋，多受到乾隆、嘉庆年间建筑风格的影响，如圣佑庙大殿的花板做法，刻有复杂多变的纹样；惠远钟鼓楼的花板则改为彩绘，取消了坐斗构件。

伊犁河谷传统建筑虽然注重檐下装饰，但是在不同位置所用的装饰手法并不相同，正立面的檐下装饰较为精致丰富，其他几个立面相对简单，这种现象在靖远寺和圣佑庙大殿等诸多建筑中均有体现。以圣佑庙为例，大殿一层外廊檐下斗栱均为七踩“花板代栱”，二层外廊檐下均为五踩“花板代栱”，减少了出踩。南立面“花板代栱”做工精致，都刻有不重复的浮雕，而其他几个立面的“花板代栱”只是具有曲线轮廓的板材（图 6-26）。南立面一层檐下的雀替也刻有精致的花纹，其他几个立面也相对简单。虽然他们出踩的数目不同，但它们几乎都遵循着一定的原则。

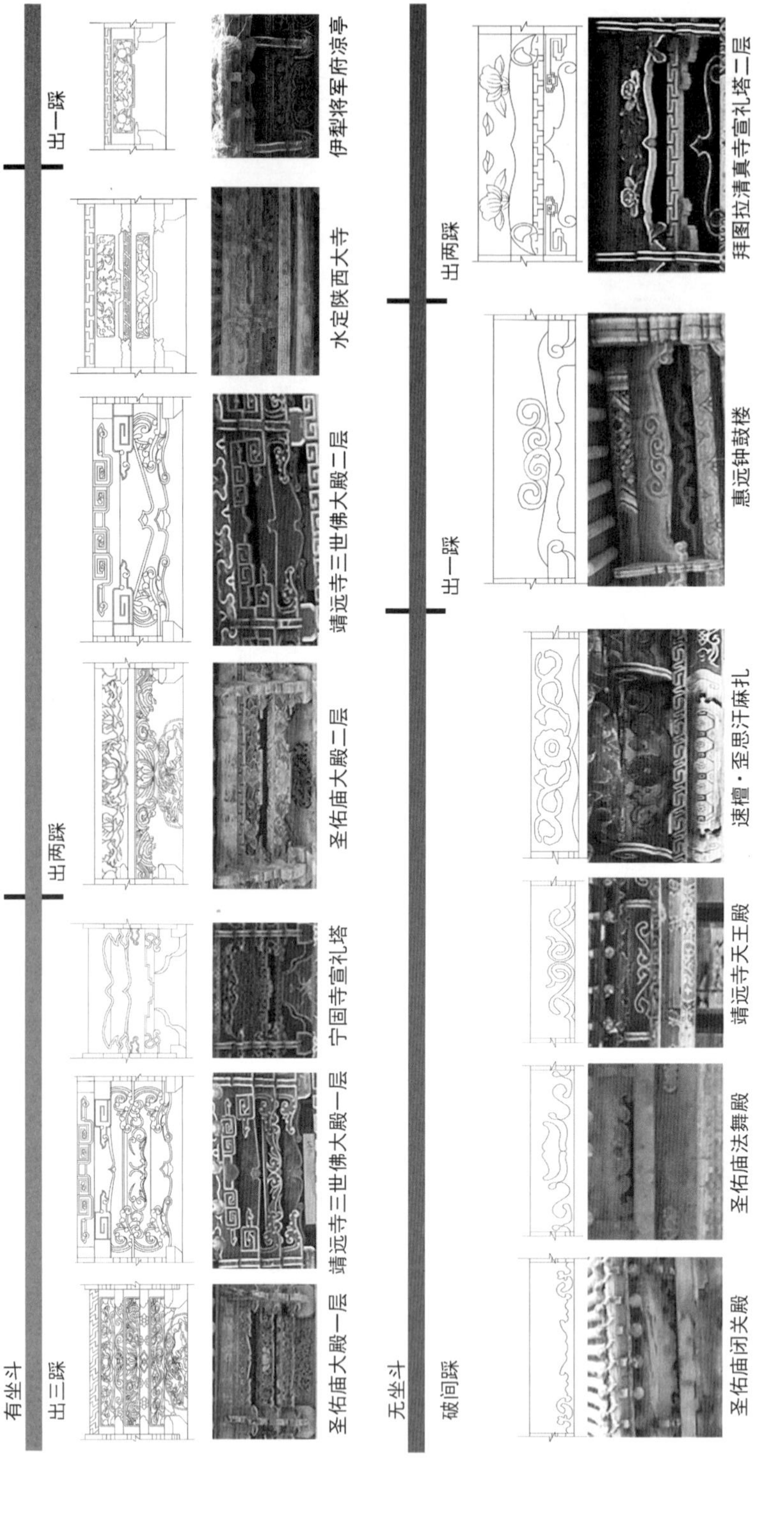

图 6–25 伊犁河谷花板代拱示意

扫码见彩图

图 6-26　圣佑庙大殿南立面与东立面花板代栱对比
来源：作者自摄（南立面［上］、东立面［下］）

①满足等级需求。同一个建筑群中，建筑等级越高，出踩数目越多。②满足审美需求。同一座建筑中，人视线较近的地方出踩数目较多。

花板代栱的破间外端常常雕刻成云头、桃尖、象头等，花板部分施以雕刻和彩绘。伊犁河谷传统建筑中圣佑庙大殿的花板代栱雕刻最为精美。大殿一层花板代栱外出三跳，每一开间均被破间分为三部分，每个部分中各踩花板所雕刻的图案均不相同，雕刻的主题以藏八宝为主，以文字、山峦、水果为辅，一层檐下花板纹样种类达 84 种之多（图 6-27）。

花板代栱通过榫卯结构将进深与面阔各个方向的构件组合成一个整体受力的结构层。各个构件所处的位置不同，安装顺序以及构件的做法也都不尽相同，下面以圣佑庙大殿一层明间花板代栱为例，分析其安装顺序及施工做法。

圣佑庙大殿一层明间花板代栱，里外各出三跳。最下层为坐斗层，共由四组构件组成（图 6-28），分别是：①面阔方向正心通长花板；②坐斗；③破间；④燕切子。最下端的是坐斗，位于平板枋之上，做法与官式建筑斗栱的做法相同，坐斗上皮刻“十”

扫码见彩图

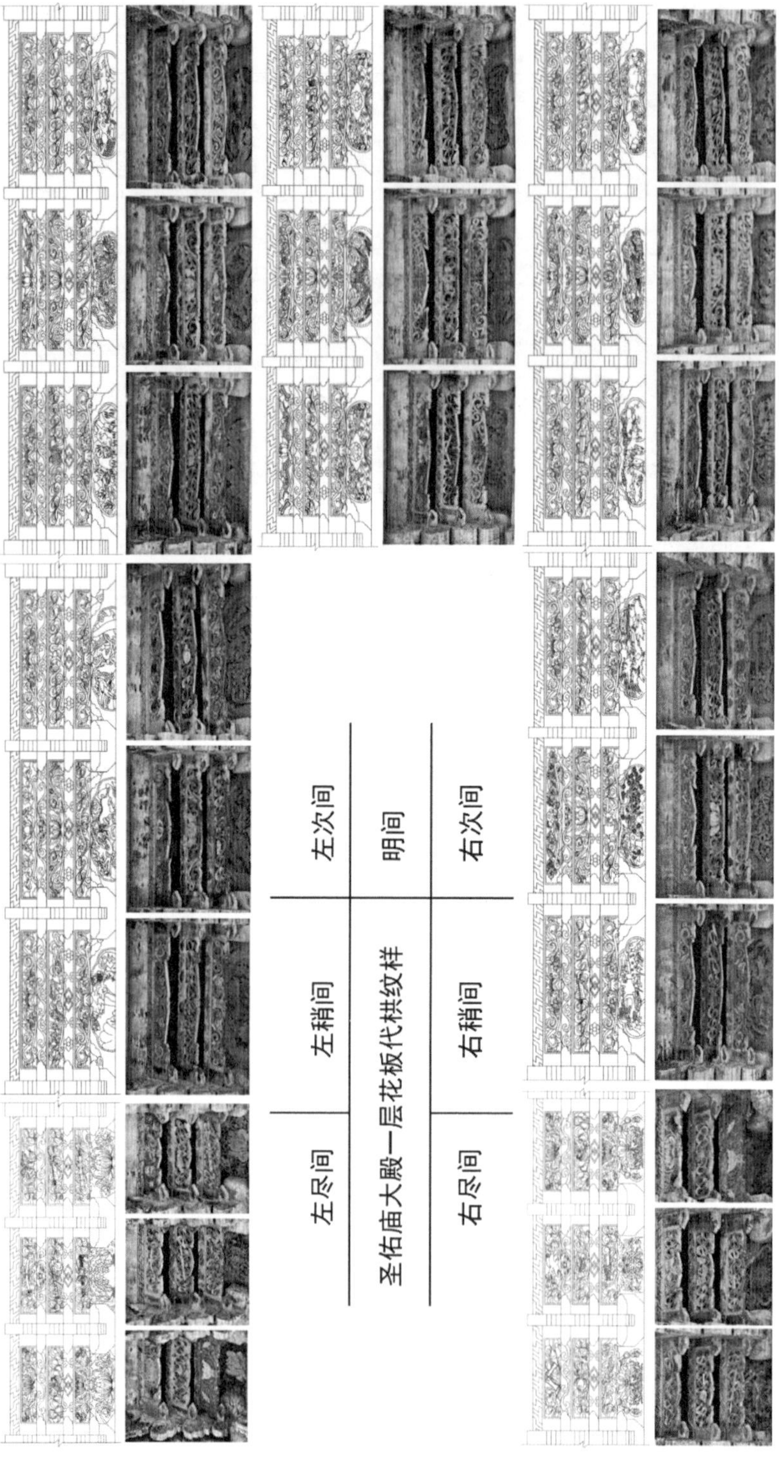

图 6-27 圣佑庙大殿一层花板代栱纹样形式

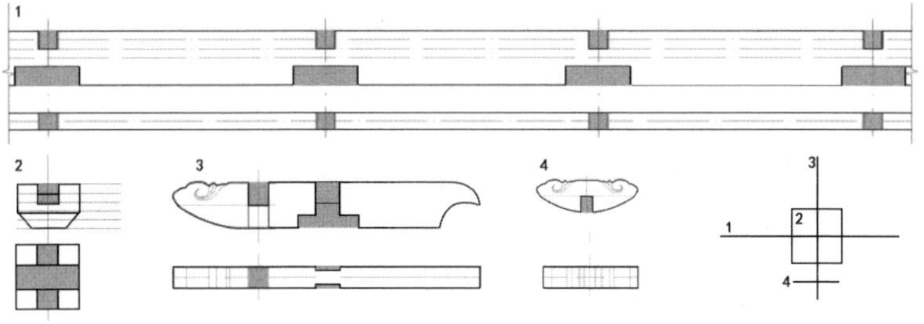

图 6-28　圣佑庙大殿一层明间花板代栱第一层花板

字形卯口，用来安装进深方向的破间和面阔方向的正心通长花板。进深方向的卯口宽度约为 1 破间宽，平行于面阔方向的卯口与花板同宽。坐斗上面放置正心通长的花板，花板的下皮在坐斗所在的位置刻有卯口，宽度与坐斗宽相等。花板的上侧安置破间，破间的下皮与官式建筑的“头翘”相似，刻有卯口，安插入坐斗中。在破间的外侧上皮，有一卯口安插燕切子，燕切子和破间外侧的卯口深度均为构件断面高度的二分之一。

第二层花板代栱里外各出一跳，由五组构件组成（图 6-29），分别是：①里拽花板；②正心花板；③外拽花板；④破间；⑤燕切子。三条平行于面阔方向的花板轮廓及截面大小各不相同。里

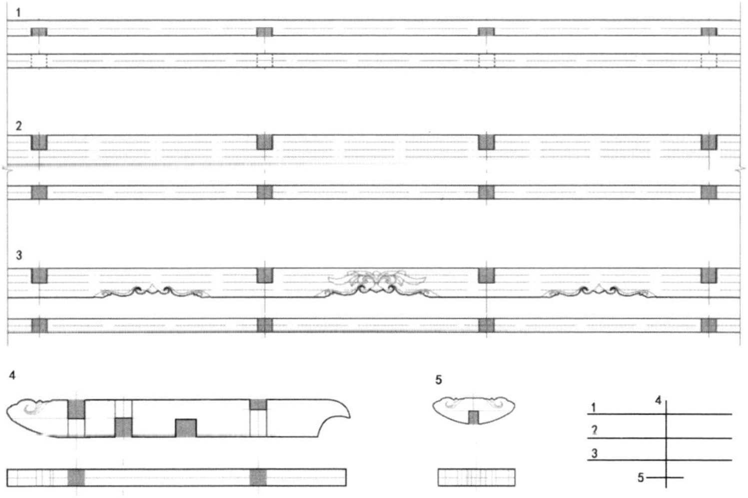

图 6-29　圣佑庙大殿一层明间花板代栱第二层花板

拽花板截面尺寸较小、呈方形，下皮刻有卯口、与破间后尾相接，卯口深度为该花板断面高度的二分之一。正心花板及外拽花板的上皮刻有卯口，卯口深度同样为各自花板断面高度的二分之一，外拽的花板代栱运用木雕进行装饰。破间的上皮前端及后尾均刻有卯口，前端的卯口与燕切子卯合，卯口深度为燕切子断面高度的二分之一；后端与内拽花板卯合，卯口深度为内拽花板断面高度的二分之一。破间的下皮在外拽花板对应的位置刻有卯口，卯口的深度为外拽花板断面高度的二分之一，宽度与外拽花板厚度相等。

第三层花板代栱里外各出两跳（图 6–30），与第二层花板代栱构件数目及做法相同，不同之处在于三层的破间较之二层更长。

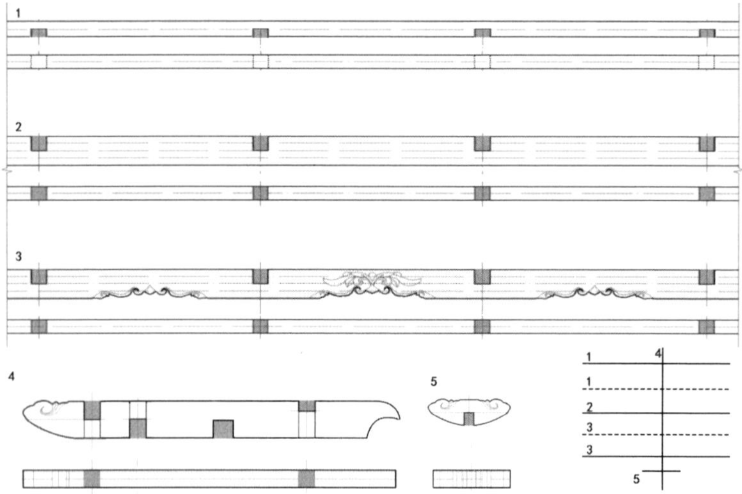

图 6–30 圣佑庙大殿一层明间花板代栱第三层花板

第四层花板代栱是位于最顶层的花板代栱，由四组构件组成（图 6–31），分别是：①里拽花板；②正心花板；③外拽花板；④破间。里拽花板、外拽花板及正心花板的做法和第二层花板代栱构件做法相同，四层的破间相较于下面三层则更长。由于本层花板代栱位于最顶层，外侧没有燕切子，因此破间的上皮仅在内

图 6-31　圣佑庙大殿一层明间花板代栱第四层花板

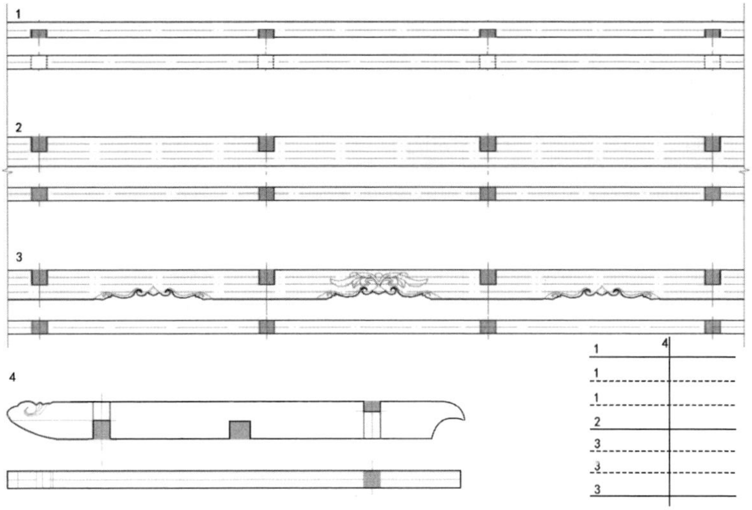

拽花板的位置刻有卯口，卯口深度为内拽花板断面尺寸的二分之一；破间的下皮在外拽花板、止心花板的位置均刻有卯口，宽度与对应花板厚度相等，卯口深度为对应花板断面尺寸的二分之一。

花板代栱的做法通过清代的屯垦移民从河西走廊带到了天山北麓，最后应用在伊犁河谷传统建筑的檐下。由于檐下花板的展示面积较大，可以进行大量的装饰，因此深受当地少数民族的欢迎。在少数民族聚居的云南等地，建筑檐下也采用与伊犁河谷相似的花板代栱做法。此外，青海东部、甘肃东南部、四川西北部等藏文化影响区域，同样非常注重檐下装饰，多采用“苗檩花牵”的做法。花牵即为雕饰的花板（图 6-32），装饰有大量动植物纹样，各层花牵板间距紧密（显著区别于各层花板间距较宽、局部保留有坐斗的“花板代栱”），檐下形成了一个紧凑的装饰面，很有视觉的冲击力。

由此可以看出，青藏高原东缘、东北缘、北缘的环形地带，均是花板的广泛分布区域（图 6-33），同时也是少数民族的聚居

图 6–32 苗檩花牵做法
第一排：夏河住宅门楼（左）、拉卜楞寺门楼（右）；第二排：甘南某囊谦（左）、甘南某门楼（右）

区域。推测在以斗栱为典型特征的汉地传统建筑向外传播至民族地区时，与当地的装饰审美传统相结合，导致斗栱的形式也产生了适宜性转化。这种转化因地域、宗教的差异而呈现不同的形式。如在以临夏为中心的回族聚居区，主要表现为利用斗栱自身的造型特征来增强檐下的装饰性，出现了出跳颇多、体量硕大的菱形斗栱、三角形斗栱等形式。而在川西北、甘南藏族聚居区，多采用“苗檩花牵”的做法，其与藏式建筑檐下的“摞活”整体装饰组件有着一定的呼应关系。在河西走廊、天山北麓、云南西北部等汉族与少数民族杂居地区，在较大保留斗栱特征的基础上产生了花板代栱做法，用花板代替横栱，增加了檐下装饰效果，丰富了空间层次。

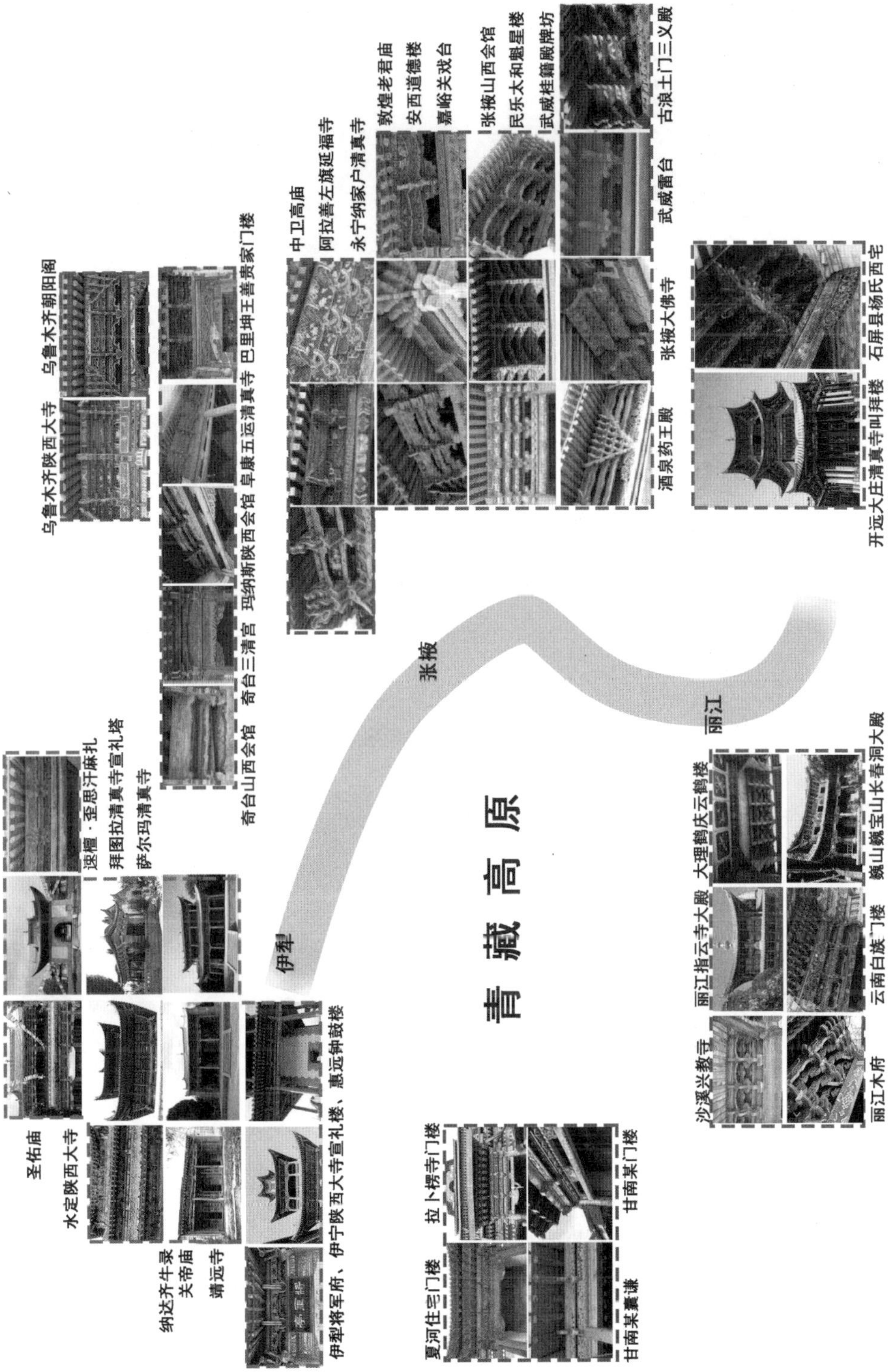

图 6-33　花板代栱分布示意图

第七章　总结与展望

第一节　总结

位于丝绸之路新北线关键节点的伊犁河谷，因其优越的气候环境、重要的地理位置，自古便是各个部落、政权的必争之地，不同国家、民族的人们也在此互通贸易、来往穿行，使得伊犁河谷拥有着丰富的历史沿革，孕育出多元的文化类型。同时，历朝历代在伊犁设立了大量的行政军事机构进行管理，如汉代西域都督府，唐代的瑶池都督府、濛池都督府等。清乾隆年间，清政府在平定准噶尔部后，设立了统辖整个新疆地区的伊犁将军府，并在伊犁开启了一系列的城镇建设，先后建立了塔勒奇城、绥定城、宁远城、惠远城、惠宁城、熙春城、瞻德城、广仁城、拱宸城九座城池，它们同众多的卡伦、军台、堡寨等一同形成了西北边疆的城镇防御体系，奠定了清代伊犁城镇发展的基础。为保证边疆的稳定及戍边官兵的粮食供给，清政府在伊犁实施了一系列的屯垦政策，将不同民族的人口从全国各地迁徙至此进行屯田，初步形成了本地域“大杂居，小聚居”的民族分布特点。

随着伊犁河谷社会的稳定，各民族陆续开展了大量的建设活动，各民族也有着各自独特的建筑类型，如维吾尔族的麻扎、回族的清真寺、锡伯族的牛录关帝庙、蒙古族的藏传佛教寺庙等。虽然民族不同，文化信仰及风俗习惯相差甚远，但在具有强大包容性的汉文化以及相同自然环境的影响下，其他民族的代表性公共建筑大多也采用了汉族传统的大木抬梁式结构进行建造，不同民族建筑之间呈现出相似的营造特征，形成了本区域独特的多元统一的建筑景观。同时，伊犁河谷传统建筑组群、单体以及构件的尺度权衡也遵循着特定的设计规律，如各构件的尺寸和花板代栱的“破间宽度”存在一定的比例关系，即以“破间宽度”为建筑设计的基本模数。

此外，伊犁河谷地区的传统建筑还产生了地域性的营造做法。由于地震频发、地质因素等的影响，伊犁河谷传统建筑常常施用椽扣、柱牵子、抹角梁等构件增强建筑的整体性。伊犁当地降水量较少，传统建筑的屋顶不需要深远陡峭的屋檐进行大量快速排水，因此檐部较为平缓。而翼角结角做法和弧腹仔角梁的施用，使得翼角能够在平缓的屋檐上完成优美的起翘。檐下多用花板代栱取代官式建筑的斗栱，通长的花板在增强建筑整体稳定性的同时，增大了建筑檐下的装饰面积，满足了本地众多少数民族喜爱装饰的审美需求。与此同时，伊犁河谷地区的经济发展较为有限，一些传统建筑常用苇席代替望板，构件的加工也较为简单，保持了木材原有的圆形截面，整体用材较小，在大空间建筑中，多用小材拼接起大材进行使用。

通过梳理伊犁河谷传统建筑的发展沿革，深入探究传统建筑在伊犁河谷独特自然环境、文化特征影响下所产生的地域性营造技术，拓展了中国传统建筑学术研究的空间广度和理论深度，为今后伊犁河谷传统建筑的传承与保护提供基础性的研究资料。

第二节　研究不足

伊犁河谷地区现存建筑的测绘资料、文献研究、实地调研都有一定的局限性，现将不足列举如下。

（1）伊犁河谷地区尺度巨大，传统建筑分布广阔，由于调研条件限制，本区域传统建筑未能逐一进行测绘，列举的建筑类型范围不够全面，减弱了伊犁河谷传统建筑研究的完整性。

（2）在实地调研过程中，仅从走访工匠、展出的图片文字资料中了解传统建筑的施工工艺，未能直接接触到实际施工过程，对实际工艺做法的认知具有局限性。

（3）有关伊犁河谷的文献资料较为繁杂，虽通过中国第一历史档案馆、史料、县志等查找汇总，但不免会有所遗漏。

第三节　研究展望

本书是伊犁河谷传统建筑研究的一个阶段性成果。针对伊犁河谷传统建筑可以在以下几个方面继续深入研究。

（1）拓展伊犁河谷不同类型的传统建筑研究，如深化不同民族民居建筑的营造做法研究，以达到对伊犁河谷传统建筑进行整体把握。

（2）由于自然灾害、朝代更迭、政治、宗教等因素，许多建筑现已不复存在，如著名的金顶寺、银顶寺，可通过文献、考古资料进行更为深入的研究工作。

（3）在签订《中俄伊犁条约》之前，今哈萨克斯坦巴尔喀什湖以东地区与伊犁河谷同为一区，传统建筑体系一脉相承，今后可拓展此研究范围，从而更加全面地对伊犁河谷传统建筑进行宏观把握。

参考文献

[1] 马达汉．马达汉西域考察日记 :1906—1908 [M]. 王家骥，译．北京：中国民族摄影艺术出版社，2004.

[2] 日野强．伊犁纪行 [M]. 华立，译．哈尔滨：黑龙江教育出版社，2006.

[3] 莫理循 .1910，莫理循中国西北行 [M]. 福州：福建教育出版社，2008.

[4] 黄荣海．伊犁河畔 [M]. 北京：世界图书出版公司，2015.

[5] 新疆维吾尔自治区文物局．新疆维吾尔自治区第三次全国文物普查成果集成: 伊犁哈萨克自治州卷(直属县市)[M]. 北京: 科学出版社，2011.

[6] 博尔塔拉蒙古自治州州委宣传部．博尔塔拉蒙古自治州 [M]. 北京：民族出版社，2004.

[7] 王进健．霍城史 [M]. 乌鲁木齐：新疆美术摄影出版社，2014.

[8] 贺灵．丝绸之路伊犁研究 [M]. 乌鲁木齐：新疆人民出版社，2009.

[9] 勒内·格鲁塞．草原帝国 [M]. 蓝琪，译．上海: 商务印书馆有限公司，1998.

[10] 曾问吾．中国经营西域史 [M]. 上海．商务印书馆，1936.

[11] 陈澄之．伊犁烟云录 [M]. 上海：中华建国出版社，1948.

[12] 中国第一历史档案馆．锡伯族档案史料 [M]. 沈阳: 辽宁民族出版社，1989.

[13] 中华书局．清实录 [M]. 北京：中华书局，1989.

[14] 刘敦桢．中国古代建筑史 [M]. 北京：中国建筑工业出版社，1984.

[15] 马炳坚．中国古建筑木作营造技术 [M]. 北京：科学出版社，1991.

[16] 刘致平．中国伊斯兰教建筑 [M]. 乌鲁木齐：新疆人民出版社，1985.

[17] 常青 . 西域文明与华夏建筑的变迁 [M]. 长沙：湖南教育出版社，1992.

[18] 刘大可 . 中国古建筑瓦石营法 [M]. 北京：中国建筑工业出版社，1993.

[19] 王其亨 . 风水理论研究 [M]. 天津：天津大学出版社，1992.

[20] 王瑞珠 . 世界建筑史 · 伊斯兰卷 [M]. 北京：中国建筑工业出版社，2014.

[21] 徐松 . 西域水道记（卷四）[M]. 北京：中华书局，2005.

[22] 新疆维吾尔自治区地方志编纂委员会 . 新疆通志 · 民族志 [M]. 乌鲁木齐：新疆人民出版社，2005.

[23] 姚宏韬 . 场地设计 [M]. 沈阳：辽宁科学技术出版社， 2000.

[24] 李江，吴晓冬，杨菁 . 张掖大佛寺建筑研究 [M]. 天津：天津大学出版社，2016.

[25] 谢毓寿，蔡美彪 . 中国地震历史资料编绘 [M]. 北京：科学出版社，1987 .

[26] 谭其骧 . 中国历史地图集 [M]. 北京：中国地图出版社，1982.

[27] 陈震东 . 新疆民居 [M]. 北京：中国建筑工业出版社，2009.

[28] 王绍周 . 中国民族建筑（第一卷）[M]. 南京：江苏科学技术出版社，1998.

[29] 张胜仪 . 新疆传统建筑艺术 [M]. 乌鲁木齐：新疆科技卫生出版社，1999.

[30] 王瑞珠 . 世界建筑史（伊斯兰卷）[M]. 北京：中国建筑工业出版社，1987.

[31] 齐清顺 . 清代新疆“犯屯”若干问题新探 [J]. 中国边疆学，2019（1）：89-106.

[32] 李江，韦承君 . 清代伊犁河谷城镇分布与形态规模研究 [J]. 建筑史，2019（2）：96-104.

[33] 米文静，张爱军，郭敏霞 . 伊犁黄土湿陷变形特性研究 [J]. 江西农业学报，2019，31（12）：49-53.

[34] 罡拉卓玛 . 藏传佛教格鲁派学经体系特点及现状分析 [J]. 青海社会科学，2019（6）：37-41，61.

[35] 李佳璐，吴葱 . 明清河西走廊建筑花板代栱的起源探析 [C]//2019年中国建筑学会建筑史学分会年会暨学术研讨会论文集(上). 北京：中国建筑学会建筑史学分会 2019：214-217.

[36] 卞聪，叶明晖 . 兰州地区传统建筑法式研究：以殿式建筑为例 [J]. 建筑学报，2019（9）：98-103.

[37] 安政 . 伊犁州锡伯族民俗建筑文化探究 [D]. 哈尔滨：哈尔滨师范大学，2019.

[38] 卞聪 . 兰州地区传统建筑大木营造研究 [D]. 兰州：兰州理工大学，2019

[39] 王砚 . 伊犁九城历史地理研究 [D]. 天津：天津师范大学，2019.

[40] 李江，刘亚如 . 新疆天山北麓传统建筑营造做法研究 [J]. 西部人居环境学刊，2018，33（6）：71-76.

[41] 薛程 . 中国长城墙体建造技术研究 [D]. 西安：西北大学，2018.

[42] 纳森巴雅尔，乌云其木格 . 清代伊犁藏传佛教寺院普化寺论述 [J]. 满族研究，2018（3）：84-93.

[43] 张辉辉 . 新疆伊犁河谷锡伯族关帝庙的建档研究 [J]. 和田师范专科学校学报，2018，37（4）：76-78.

[44] 李江，韦承君，程丽婷 . 河西走廊楼阁建筑承重结构安全阈值研究 [J]. 建筑史，2018（1）：201-211.

[45] 贺海燕 . 道教宫观建筑选址与规划策略研究 [D] 厦门：厦门大学，2018.

[46] 丁燕，侯晓萱 . 新疆汉式麻扎建筑的历史源流与类型 [J]. 古建园林技术，2018（2）：49−53，40.

[47] 迪力旦尔・地里夏提，宋立民．新疆伊犁维吾尔传统民居建筑装饰与庭院调研 [J]. 设计，2018（12）：132-135.

[48] 杨莉．清前期新疆准噶尔蒙古军事文化研究 [D]. 乌鲁木齐：新疆大学，2018.

[49] 惠青睿．丝绸之路历史城镇保护与发展研究 [D]. 西安：西安建筑科技大学，2018.

[50] 陶健．河南关帝庙祭祀空间营造研究 [D]. 西安: 西安建筑科技大学，2018.

[51] 锋晖．乾隆朝新疆八旗驻防研究 [D]. 长春：吉林师范大学，2018.

[52] 苗旭慧．中国民间信仰的海外传播：以关帝信仰为例 [J]. 山西青年职业学院学报，2017，30（4）：74-77.

[53] 范一鸣．沈阳故宫前朝建筑研究 [D]. 天津：天津大学，2018.

[54] 黄凯．新疆伊犁传统民居的地域性特征研究 [D]. 绵阳：西南科技大学，2017.

[55] 田林，孙婧妍．新疆地区麻扎建筑美学特征研究 [J]. 遗产与保护研究，2017，2（5）：156-160.

[56] 康萍，赵铁生．清代新疆第一重镇：伊犁惠远古城探考记 [J]. 大众考古，2017（8）：87-92.

[57] 马晓玖．回族清真寺审美文化研究 [D]. 济南：山东大学，2017.

[58] 马学兵．清代新疆关帝庙碑探析 [J]. 和田师范专科学校学报，2017，36（1）：81-85.

[59] 栾福明，王芳，熊黑钢．伊犁河谷文化遗址时空分布及地理背景研究 [J]. 干旱区地理，2017，40（1）：211-221.

[60] 唐智佳．清代伊犁锡伯族关帝信仰研究 [J]. 宗教学研究，2016（4）：188-193.

[61] 马利红，安英新．清代伊犁惠宁城相关史实考述 [J]. 满族研究，2016（3）：46-56，64.

[62] 李新伟．清代的新疆屯田 [J]. 军事历史，2016（4）：44-48.

[63] 唐剑 . 新疆锡伯族传统建筑文化研究 [D]. 成都：西南交通大学，2016.

[64] 胡刚 . 清代天山北路地区自然灾害时空分布研究 [D]. 西安：陕西师范大学，2016.

[65] 韩瑛，李新飞，张鹏举 . 基于都纲法式演变的内蒙古藏传佛教殿堂空间分类研究 [J]. 建筑学报，2016（2）：95–100.

[66] 胡方艳，吴茜 . 清至民国间新疆伊犁的东正教 [J]. 宗教学研究，2015（3）：256–261.

[67] 董西彩 . 新疆佛教与文化 [J]. 中国民族博览，2015（8）：171–172.

[68] 侯科远 . 伊犁喀赞其老城传统民居建筑艺术特征研究 [D]. 乌鲁木齐：新疆师范大学，2015.

[69] 朱洁 . 新疆哈萨克毡房建筑与装饰艺术研究 [D]. 乌鲁木齐：新疆师范大学，2015.

[70] 王志鹏 . 乾隆朝新疆驻军研究 [D]. 兰州：西北师范大学，2015.

[71] 李文博 . 阿力麻里城及其兴衰原因探析 [J]. 西域研究，2015（2）：39–47.

[72] 巴音 . 从萨满教到藏传佛教：古代新疆地区卫拉特蒙古宗教信仰的转变 [J]. 法音，2015（3）：51–54.

[73] 庞岳岳 . 新疆伊犁地区维吾尔族民居门窗装饰特征研究 [D]. 乌鲁木齐：新疆师范大学，2014.

[74] 赵琳 . 辽宁地区满族传统建筑装饰特色研究 [D]. 广州：广东工业大学，2014.

[75] 赵刚，杨太保，田洪阵 . 那拉提山冰川变化与气候变化的关系研究 [J]. 干旱区资源与环境，2014，28（4）：103–107.

[76] 吴亚楠 . 新疆察布查尔县纳达齐牛录村锡伯族文化变迁研究 [D]. 乌鲁木齐：新疆师范大学，2014.

[77] 许崇强，安静 . 伊斯兰教建筑的色彩运用分析 [J]. 艺术科技，2014，27（2）：61.

[78] 胡方艳．伊犁河谷藏传佛教寺院考察：以新疆伊犁哈萨克自治州昭苏县圣祐寺为中心 [J]. 世界宗教研究，2013（4）：39-50.

[79] 张睿．新疆伊斯兰麻扎建筑艺术研究 [D]. 乌鲁木齐：新疆大学，2013.

[80] 赵俊娇．新疆维吾尔族民居建筑研究 [D]. 武汉：湖北工业大学，2013.

[81] 敏文杰．新疆伊宁市拜都拉清真寺的建筑及装饰艺术 [J]. 中国穆斯林，2013（2）：53-55.

[82] 赵伟红．拉卜楞寺建筑装饰的艺术特点及宗教寓意探析 [D]. 北京：中央民族大学，2013.

[83] 张鹏举，高旭．内蒙古地域藏传佛教建筑形态的一般特征 [J]. 新建筑，2013（1）：152-157.

[84] 李江．明清时期河西走廊建筑研究 [D]. 天津：天津大学，2012.

[85] 肉孜买买提·阿不来提．伊犁河流域降水量变化趋势分析 [J]. 甘肃水利水电技术，2012，48（7）：1–4，14.

[86] 李慧．伊犁哈萨克自治州近代代表性民居建筑及保护对策研究 [D]. 北京：北京建筑工程学院，2012.

[87] 刘振强．泰州“勾连搭”作法研究 [D]. 南京：南京大学，2012.

[88] 张鹏举．内蒙古地域藏传佛教建筑形态研究 [D]. 天津：天津大学，2011.

[89] 邱昊，戴志中，周灵．建筑与文化的哲思：新疆伊犁锡伯族关帝庙和娘娘庙建筑特点及信仰文化剖析 [J]. 中外建筑，2011（12）：45-47.

[90] 王松．新疆卫拉特蒙古寺庙建筑装饰考述：解读昭苏圣佑庙经堂 [J]. 装饰，2011（12）：133-134.

[91] 李云．关于新疆清真寺中装饰纹样的佛教文化体现 [J]. 南京艺术学院学报（美术与设计版），2011（4）：101-104，166.

[92] 赵海霞．清代新疆民族关系研究 [D]. 西安：西北大学，2011.

[93] 仲高 . 清代伊犁旗屯文化透视：锡伯营旗屯文化个案研究 [J]. 伊犁师范学院学报（社会科学版），2011（2）：17–22.

[94] 卢文丽 . 多元文化下伊犁维吾尔民居建筑艺术研究 [D]. 乌鲁木齐：新疆师范大学，2011.

[95] 褚金 . 历史文化名城中钟鼓楼历史地段空间形态研究 [D]. 西安：西安建筑科技大学，2011.

[96] 李江 . 敦煌莫高窟清代及民国时期窟檐研究 [J]. 敦煌研究，2011（2）：53–58.

[97] 艾清 . 牛录 - 新疆锡伯族族群认同研究 [D]. 北京：中央民族大学，2011.

[98] 鲁靖康 . 清代伊犁户屯的几个问题 [J]. 西域研究，2011（1）：42–49.

[99] 周学锋，孟楠 . 清代伊犁满营旗屯探讨 [J]. 石河子大学学报（哲学社会科学版），2010，24（5）：11–15.

[100] 赖洪波 . 论清代伊犁多民族移民开发及其历史意义 [J]. 伊犁师范学院学报（社会科学版），2010（4）：33–42.

[101] 胡方艳，曹生龙 . 伊犁藏传佛教寺院考述 [J]. 西藏研究，2010（5）：24–31.

[102] 胡方艳 . 新疆察布查尔锡伯族宗教信仰历史与现状考察之一：锡伯族的藏传佛教信仰 [J]. 宗教学研究，2010（3）：110–117.

[103] 周志强 . 新疆尼勒克县近 50 年气温变化特征分析 [J]. 水利科技与经济，2010，16（8）：928–929.

[104] 彭修建 . 清代伊犁九城的布局与战略作用研究 [J]. 伊犁师范学院学报（社会科学版），2010（2）：36–40.

[105] 李江，王洁茹 . 歇山建筑结构做法分类探析 [J]. 古建园林技术，2010（2）：3–5.

[106] 彭修建 . 清代伊犁维吾尔族移民经济研究 [D]. 石河子：石河子大学，2010.

[107] 毛丽旦木·阿不都米力克．新疆伊犁维吾尔族清真寺探微 [J]. 中国民族，2010（5）：49–51.

[108] 李云霞．锡伯族文化探微 [D]. 北京：中央民族大学，2010.

[109] 李江，吴葱．歇山建筑结构做法分类与屋顶组合探析 [J]. 建筑学报，2010（S1）：106–108.

[110] 毛丽旦木·阿不都米力克．新疆伊犁地区维吾尔族清真寺文化研究 [D]. 乌鲁木齐：新疆师范大学，2010.

[111] 内玛才让．新疆藏传佛教名刹圣佑庙研究 [J]. 甘肃高师学报，2009，14（6）：117–119.

[112] 何一民．清代城市研究的意义、现状与趋势 [J]. 湘潭大学学报（哲学社会科学版），2009，33（5）：139–146.

[113] 武士靖．清同治年间陕甘回民迁徙研究 [D]. 西安：西北大学，2009.

[114] 吴轶群．试论清代伊犁城市体系之产生 [J]. 新疆大学学报（哲学人文社会科学版），2009，37（3）：62–68.

[115] 李群．重解麻扎文化的图形语意：读吐虎鲁克·铁木尔汗之墓 [J]. 装饰，2009（5）：88–89.

[116] 鲁靖康．清代伊犁屯垦研究 [D]. 西安：西北农林科技大学，2009.

[117] 张卫，喻金焰．佛教建筑与伊斯兰教建筑色彩初探 [J]. 西安建筑科技大学学报（社会科学版），2009，28（1）：54–58，65.

[118] 徐长菊，张晓松．藏传佛教格鲁派在准噶尔汗国的传播和发展 [J]. 西藏大学学报（社会科学版），2009，24（1）：128–132.

[119] 王万兴，张广泰，刘清．靖远寺现状及修缮方案 [J]. 工程建设与设计，2008（8）：18–21.

[120] 胡伟，姚磊．新疆库车县近 40 年来气温与蒸发量变化趋势分析 [J]. 水土保持研究，2008（3）：93–95.

[121] 刘凤鸣．阿吾拉勒山主要矿产分布规律 [J]. 新疆有色金属，2007（S1）：7-9.

[122] 邓禧，曹磊，李江．新疆清代传统建筑特色研究：花板踩与弧腹仔角梁 [J]. 沈阳建筑大学学报（社会科学版），2007（2）：150-153.

[123] 李江．明清甘青建筑研究 [D]. 天津：天津大学，2007.

[124] 才吾加甫．藏传佛教在新疆卫拉特蒙古的传播及发展 [J]. 新疆大学学报（哲学社会科学版），2006（5）：59-65.

[125] 吴晓冬．张掖大佛寺及山西会馆建筑研究 [D]. 天津：天津大学，2007.

[126] 房若愚．新疆哈萨克族人口规模变迁及分布 [J]. 新疆大学学报（哲学社会科学版），2005（4）：74-80.

[127] 杨俊国．清代北疆城市兴衰的历史考察 [J]. 昌吉学院学报，2004（4）：18-20，28.

[128] 周俊玲，叶梅．中国古代城墙防御系统：马面 [J]. 华夏文化，2004（2）：13-14.

[129] 唐栩．甘青地区传统建筑工艺特色初探 [D]. 天津：天津大学，2004.

[130] 范庭刚．新疆伊犁伊斯兰建筑文化研究 [D]. 重庆：重庆大学，2004.

[131] 范庭刚．新疆伊犁地区伊斯兰清真寺 [J]. 建筑知识，2004（2）：23-26.

[132] 阚耀平．清代天山北路人口迁移与区域开发研究 [D]. 上海：复旦大学，2003.

[133] 吐娜．伊犁厄鲁特营的戍边 [J]. 西域研究，2002（3）：29-36.

[134] 张锡成．新疆科古琴山高山流石坡植被的特征 [J]. 西北植物学报，2001（3）：538-545.

[135] 冯炜．明清城市钟鼓楼保护和现代城市建设 [C]. 中国文物学会传统建筑园林委员会．中国文物学会传统建筑园林委员会第十三届学术研讨会，2000：167-182.

[136] 安英新．祖国最西端的“关帝庙”[J]. 东南文化，2000（6）：106-112.

[137] 齐清顺．清代新疆的关羽崇拜 [J]. 清史研究，1998（3）：101-106.

[138] 王克之，梁贞. 苏丹歪思汗麻扎杂谈 [J]. 伊犁师范学院学报（社会科学版），1997（1）：79.

[139] 曾庆江．博尔塔拉谷地对径流的调节作用 [J]. 干旱区地理，1994（4）：9-14.

[140] 李小军．阿吾拉勒山主要矿产分布规律及成矿远景浅析 [J]. 矿产与地质，1994（5）：344-347.

[141] 祁若雄．新疆伊犁河航运开发始末 [J]. 中国边疆史地研究导报，1990（5）：26-29.

[142] 刘元春．靖远寺及其历史作用：关于寺庙建筑与民族文化的思考 [J]. 法音，1990（8）：22-27，46.

[143] 贺灵．锡伯族风俗习惯的特征 [J]. 新疆社会科学，1988（4）：90-96.

[144] 陈胜粦，郭小东．林则徐与伊犁屯垦 [J] 新疆大学学报（哲学社会科学版），1987（4）：34-40.

[145] 魏长洪．伊犁九城的兴衰 [J]. 新疆社会科学，1987（1）：57-60.

[146] 穆桂金．天山西段阿拉喀尔山夷平面问题的探讨 [J]. 新疆地理，1983（2）：25-28.

[147] 李江，杨菁．敦煌莫高窟九层楼屋顶结构探析 [J]. 敦煌研究，2016（3）：124-131.

[148] 何圳泳．涞源县明长城军事防御体系研究 [D]. 保定：河北大学，2016.